U0293482

中国草原昆虫生态图册

（鞘翅目）

Ecological Atlas of Grassland Insects in China

（Coleoptera）

张润志　任　立　李义哲　吕何宇　编著

河南科学技术出版社

·郑州·

图书在版编目（CIP）数据

中国草原昆虫生态图册．鞘翅目/张润志等编著．-- 郑州：河南科学技术出版社，2025.2. -- ISBN 978-7-5725-1971-0

I. Q968.22-64

中国国家版本馆 CIP 数据核字第 20259CB144 号

出版发行：河南科学技术出版社

地址：郑州市郑东新区祥盛街27号　邮编：450016

电话：（0371）65737028　65788613

网址：www.hnstp.cn

邮箱：hnstpnys@126.com

出 版 人：乔　辉

策划编辑：李义坤

责任编辑：李义坤

责任校对：刘逸群　尹凤娟

整体设计：张　伟

责任印制：徐海东

印　　刷：郑州新海岸电脑彩色制印有限公司

经　　销：全国新华书店

开　　本：787 mm × 1092 mm　1/16　印张：26.75　字数：860千字

版　　次：2025年2月第1版　2025年2月第1次印刷

定　　价：398.00元

作者简介

张润志　男，1965年6月生。中国科学院动物研究所研究员、中国科学院大学岗位教授、博士生导师。2005年获得国家杰出青年基金项目资助，2011年获得中国科学院杰出科技成就奖，2019年获得“庆祝中华人民共和国成立70周年”纪念章。目前兼任国家生物安全专家委员会委员、国家林业和草原局咨询专家、全国农业植物检疫性有害生物审定委员会委员。主要从事鞘翅目象虫总科系统分类学研究，以及外来入侵昆虫的鉴定、预警、检疫与综合治理技术研究。先后主持国家科技支撑项目、中国科学院知识创新工程重大项目、国家自然科学基金重点项目等。独立或与他人合作发表萧氏松茎象等新物种148种，获国家科学技术进步奖二等奖3项（其中2项为第一完成人，1项为第二完成人），发表学术论文200余篇，出版专著、译著等20部。

任立　女，1974年4月生。昆虫学博士，中国科学院动物研究所助理研究员。2005—2006年在西班牙国家自然科学博物馆研修，2009年赴俄罗斯科学院动物研究所等进行中俄象虫分类合作研究，2013年去英国伦敦自然历史博物馆做访问学者。主要从事鞘翅目象虫总科系统分类学研究及外来入侵象虫的鉴定工作，先后主持国家自然科学基金面上项目、中国科学院创新工程重大项目子课题等。发表论文60余篇，出版专著、译著等7部；获得国家科学技术进步奖二等奖1项（第九完成人）；参与编写 *Cooperative Catalogue of Palearctic Coleoptera* *Volume 8*（《古北区鞘翅名录　第八卷》）及 *Cooperative Catalogue of Palearctic Coleoptera Curculionoidea*（《古北区鞘翅目象虫总科合作名录》）；发现象虫总科中的中国新记录科——矛象科 Nemonychidae。

李义哲　男，1994 年 4 月生。理学博士。2024 年 6 月毕业于中国科学院动物研究所，目前就职于中国科学院西双版纳热带植物园。主要从事引种植物检验检疫、生物多样性研究和入侵生物普查工作。先后参与了科技部基础资源调查专项（主要草原区有害昆虫多样性调查）、林业有害生物防治管理与测报项目（西北地区普查技术指导、督导、评估）、云南省外来入侵生物普查项目和草原外来入侵生物普查试点项目。发现了为害内蒙古科尔沁国家自然保护区元宝槭种子的重要害虫——元宝槭籽象，发表 SCI 论文 1 篇。

吕何宇　男，1998 年 12 月生。本科和硕士毕业于河北大学。硕士期间主要从事节肢动物分类学、系统发育基因组学及生物地理学等方面的工作，目前为中国科学院动物研究所在读博士研究生，主要从事鞘翅目象虫总科的分类学研究。在 *Zookeys*，*Zootaxa*，*Arthropoda Selecta* 等期刊发表学术论文 5 篇。

前言

草原是地球上分布最广的植被类型，也是我国面积最大的陆地生态系统，是干旱半干旱和高寒高海拔地区的主要植被，与森林共同构成了我国生态安全屏障的主体。草原昆虫是草原生态系统物种多样性的重要组成部分，它们不仅直接为害草原牧草和植被，有些种类也是土壤有机质分解、腐殖化作用机制和食物链的重要环节，在土壤形成、熟化和结构优化等方面发挥着重要作用。许多草原有害昆虫，都直接影响草原植物群落组成和结构的变化，影响草原生态系统演替、造成草场退化等。

本书是国家科技基础资源调查专项“主要草原区有害昆虫多样性调查（2019FY100400）”的研究成果的总结。自2019年至2023年，历时5年的调查和研究，取得一系列的研究成果，经过认真梳理和总结，编成《中国草原昆虫生态图册》。全书共分《中国草原昆虫 生态图册（鞘翅目）》《中国草原昆虫生态图册（鳞翅目等）》《中国草原昆虫生态图册（直翅目）》3卷。其中，本卷收录了我国主要草原区鞘翅目昆虫147种，涵盖原鞘亚目（长扁甲科）、肉食亚目（步甲科）和多食亚目（金龟总科、隐翅虫总科、叩甲总科、吉丁总科、郭公甲总科、瓢甲总科、拟步甲总科、长蠹总科、牙甲总科、扁甲总科、叶甲总科和象虫总科）；每一物种均提供了分类地位、分布范围、形态特征及生物学特性等信息。本卷提供昆虫生态照片约520张，除少数种类（赵宇晨博士提供7种、王新谱教授提供2种、李玲博士提供1种）外，其余生态照片均为本书编著者原创拍摄。在收录昆虫中，超过半数的物种提供了取食的植物种类，有些还是重要的草原害虫。因此，本书将为草原害虫的识别及重要害虫的防控提供参考。

在物种的鉴定过程中，得到任国栋教授、贾凤龙教授、潘昭教授、虞国跃研究员、林美英教授、王兴民教授、杨玉霞教授、彭忠亮研究员、梁红斌副研究员、刘浩宇博士、姜春燕博士等的热情帮助，在此特向他们表示衷心感谢。感谢国家科技基础条件平台中心李加洪副主任、王祎处长、李笑寒女士，国家林业和草原局科学技术司郝育军司长和宋红竹二级巡视员，草原管理司宋中山副司长和王卓然二级巡视员，野生动植物保护司鲁兆莉二级巡视员和周志华副司长，生态保护修复司陈建武司长和王金利处长，生物灾害防控中心方国飞副主任、董振辉副主任、周艳涛博士、岳方正博士、秦思源博士等的支持与帮助，感谢在野外调查和照片拍摄过程中给予大力支持和帮助的农业农村部锡林郭勒草原有害生物科学观测实验站温艳明先生、科尔沁国家自然保护区于有忠副局长等。特别感谢项目骨干人员中国农业大学杨定教授、宁夏大学王新谱教授、中国农业科学院植物保护研究所涂雄兵研究员、王广君副研究员和草原研究所王宁研究员等的帮助。

张润志

2024年6月30日

目录

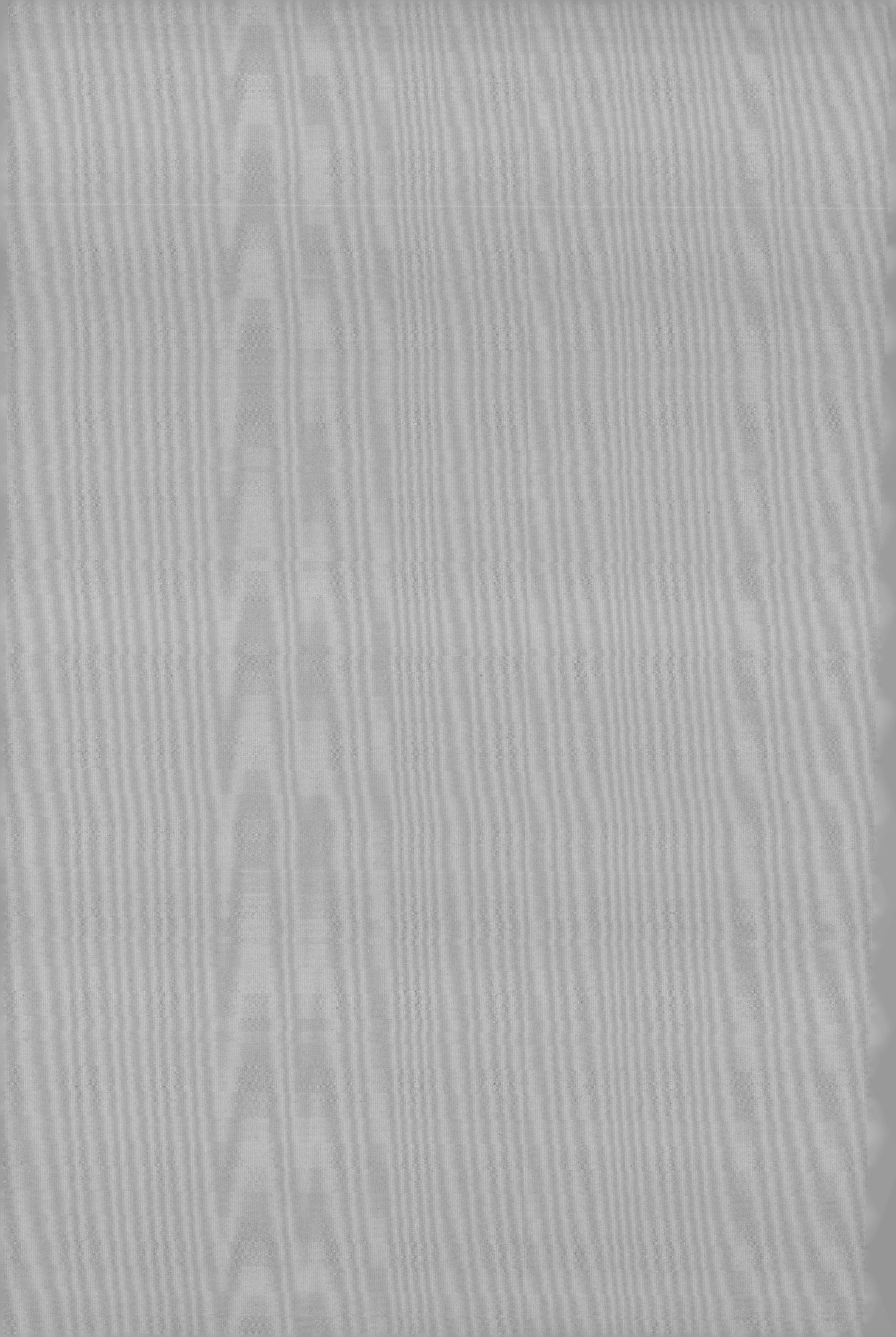

原鞘亚目 Archostemata

长扁甲科 Cupedidae

普通叉长扁甲 *Tenomerga anguliscutis* (Kolbe)

分类地位：鞘翅目 Coleoptera，长扁甲科 Cupedidae。

分布范围：河北、黑龙江、吉林、辽宁、南京、上海、浙江、台湾；越南，老挝，韩国。

形态特征：雄虫体长 10.5~13.0 mm，宽 2.8~3.0 mm，雌虫体长 13.8~14.2 mm，宽 3.5~3.8 mm。颜色为灰褐色，有较暗的纵向条纹。头部背侧有 2 对圆锥形的瘤突，中部有明显的中脊。前胸背板的长度与宽度比为（1.3~1.4）：1，中央的脊状隆起为双峰状。鞘翅的缝线适度覆盖着两段深色凸起的棕色鳞片，由短的灰褐色鳞片分隔；行间 3 仅在基部端明显升高，距离短，且在与行间 5 的交界处基部覆盖着淡灰褐色鳞片，随后为短的深棕色鳞片；行间 5 和行间 7 具有交替的浅色和深色鳞片区域；行间 8 仅在基部不明显升高。

生物学特性：未见报道。

河北昌黎　普通叉长扁甲（2019 年 6 月 7 日）

河北昌黎　普通叉长扁甲（2019 年 6 月 7 日）

肉食亚目
Adephaga

步甲科 Carabidae

贵暗步甲 *Amara aulica* (Panzer)

分类地位：鞘翅目 Coleoptera，步甲科 Carabidae。
分布范围：内蒙古。
形态特征：体暗棕色，足、腹面红棕色。上唇前缘毛4根，上颚端部黑色。前胸横宽，基部略直；两侧缘圆弧形，中部之前最宽；盘区中纵线明显，中纵线两侧具浅横皱，背板前缘及基部凹陷内刻点深粗。鞘翅宽卵形，具9条刻点行，刻点深，行间平坦光滑。
生物学特性：捕食地表或地下活动的鳞翅目幼虫和蛴螬。

内蒙古锡林浩特　贵暗步甲（2022年8月7日）

短胸暗步甲 *Amara brevicollis* (Chaudoir)

分类地位： 鞘翅目 Coleoptera，步甲科 Carabidae。

分布范围： 宁夏、北京、河北、内蒙古、吉林、黑龙江、湖北、贵州、陕西、甘肃、青海、新疆；蒙古，俄罗斯，朝鲜，韩国，土库曼斯坦，吉尔吉斯斯坦，哈萨克斯坦，欧洲。

形态特征： 体长 11.0~12.0 mm。体红棕色，腹面色淡。头具分散的浅刻点，触角之间具宽横沟；上颚端部黑色，上唇方形，前缘 6 根毛，基前角各具 1 根长毛，眉毛 2 根；触角向后伸达前胸基部。前胸背板横宽，前缘凹，基部直，前、后角钝，两侧中部最宽，中纵线明显，向前不达前缘，前缘和基部两侧凹陷刻点粗深，盘区中部的刻点较密，后角各具 1 根长毛。鞘翅宽卵形且具 9 条刻点行，刻点深，行间平坦光滑。前胫节略扁，端距 1 个，外缘刺 12 根，凹截内长刺 1 根，超过胫节端部。

生物学特性： 捕食地表或地下活动的鳞翅目幼虫和蛴螬。

内蒙古锡林浩特　短胸暗步甲（2021 年 7 月 29 日）

细暗步甲 *Amara parvicollis* Gebler

分类地位：鞘翅目 Coleoptera，步甲科 Carabidae。

分布范围：内蒙古。

形态特征：体长 4.5 mm，宽 2.0 mm。栗褐色，前胸背板短而窄，基部狭窄，密布刻点并在两侧各有 2 个凹陷；触角、足和鞘翅较浅，具有点刻条纹。表面光滑，无毛。头部较宽，平坦，中间有 1 条横线，两侧各有 1 条纵线，口器呈锈色；眼睛呈栗色。触角呈黄褐色，略长于胸部。胸部横置，前端凹陷，中部前方扩张，基部明显呈锐角，截断状；上面凸起，细微横皱，前端弧形下凹，中间有沟槽，基部凹陷，具有刻点 2 个纵向的凹陷。小盾片平坦。鞘翅比前胸背板宽，长约是宽的 3 倍，超过中部处略微扩。足部光滑，颜色与鞘翅相同。

生物学特性：未见报道。

内蒙古锡林浩特　细暗步甲（2021 年 8 月 21 日）

内蒙古锡林浩特　细暗步甲（2021 年 8 月 21 日）

内蒙古锡林浩特　细暗步甲（2021 年 8 月 21 日）

花斑虎甲 *Chaetodera laetescripta* (Motschulsky)

分类地位：鞘翅目 Coleoptera，步甲科 Carabidae。

分布范围：辽宁、吉林、内蒙古、河北、山西、河南、山东、湖北、江西、浙江、福建、湖南、广西；朝鲜半岛，日本，蒙古，俄罗斯。

形态特征：体长 14.0~17.0 mm。体背面紫铜色。足胫节褐色。触角柄、梗节铜绿色，第 3、第 4 节基半部浅褐色，端半部铜绿色，第 5 节以后褐色并密生灰色绒毛。紫铜色的鞘翅上，浅色斑纹变异较大；有的浅斑纹沿外缘愈合，沿缝肋前半部尚具浅色斑；有的盘区中部斑纹消失；有的斑纹几乎完全消失，只边缘尚可见些。体腹面紫铜色有光泽。

生物学特性：捕食昆虫。

内蒙古科尔沁右翼中旗　花斑虎甲（2021 年 7 月 16 日）

中华虎甲 *Cicindela chinenesis* DeGeer

分类地位：鞘翅目 Coleoptera，步甲科 Carabidae。

分布范围：宁夏、湖北、陕西、黑龙江、辽宁、青海、新疆；蒙古，俄罗斯。

形态特征：成虫体长 17.5~22.0 mm，宽 7.0~9.0 mm。头、胸、足和腹部腹面具强烈金属光泽。头和前胸背板的前、后为绿色，背板中部金红色或金绿色。鞘翅底色深蓝，无光泽，沿鞘翅基部、端部，侧缘和翅缝为翠绿色，有时翅缝和基部还具红色光泽；在距翅基约 1/4 处有 1 条横贯全翅的金红色或金绿色宽横带，它的外侧达到侧缘，并在距侧缘约 1/3 处向前扩展，内侧达到翅缝并稍向前，后延伸。足绿色或蓝绿色，前、中后腿节中部红色。复眼大而突出。额具纵皱纹，头顶具横皱纹。触角细长，丝状，第 1~4 节光亮，绿色或部分紫色，其余 7 节暗黑色。上唇蜡黄色，周缘黑色，中央有 1 条黑纵纹，前缘有 5 枚锯齿；上唇中部呈隆脊状，逐渐向两侧坡斜。上颚强大，内缘有 3 枚大齿；雌虫上领背面基半部、雄虫背面超过 1/3 蜡黄色。鞘翅有 3 枚黄色斑，分别位于肩胛之上、翅膀中部和端部。

生物学特性：幼虫和成虫都具捕食性。捕食蝗虫等多种昆虫和其他小动物，幼虫有 3 个龄期，生活在土穴中。

陕西旬阳　中华虎甲（2014 年 8 月 3 日）

湖北郧西　中华虎甲（2014 年 8 月 5 日）

湖北郧西　中华虎甲（2014 年 8 月 5 日）

铜翅虎甲 *Cicindela transbaicalica* Motschulsky

分类地位： 鞘翅目 Coleoptera，步甲科 Carabidae。

分布范围： 宁夏、内蒙古、黑龙江、辽宁、青海、新疆；蒙古，俄罗斯。

形态特征： 体长约 12.0 mm，宽约 5.0 mm。体铜色且具紫或绿色光泽。上唇横宽；复眼大而突出；触角 11 节，丝状且细长。鞘翅基部和端部各具 1 个弧形斑，偶尔基斑还分裂为 2 个逗点形斑；中部具 1 个弯曲的横斑。

生物学特性： 捕食蝗蝻和小型节肢动物等。

内蒙古锡林浩特 铜翅虎甲（2021 年 4 月 24 日）

双斑猛步甲 *Cymindis binotata* Fischer van Waldheim

分类地位：鞘翅目 Coleoptera，步甲科 Carabidae。

分布范围：宁夏、北京、山西、内蒙古、甘肃、青海、新疆；蒙古，俄罗斯（西伯利亚），韩国，日本，哈萨克斯坦，欧洲。

形态特征：体长 8.5~9.5 mm。体扁，背面褐色；小盾片、鞘翅侧缘及盘区上的纵带棕黄色，触角、口器、足棕黄色，鞘翅纵带形状变异较大。后头光滑，上唇横方形，前缘平直；眼略突出；触角向后伸达鞘翅基部。前胸背板心形，刻点密，侧缘在基半部膨出、呈弧形，侧缘边缘翘起，在中部及后角各有 1 根毛，基部两侧向前斜深，前角宽圆，后角呈钝角上翘，端部有小齿突，盘区隆起。平坦，密布刻点。爪梳齿式。

生物学特性：捕食鳞翅目幼虫及蛴螬。

内蒙古锡林浩特　双斑猛步甲（2021 年 8 月 3 日）

内蒙古锡林浩特　双斑猛步甲（2022 年 8 月 7 日）

内蒙古锡林浩特　双斑猛步甲（2022 年 8 月 7 日）

内蒙古锡林浩特　双斑猛步甲（2022 年 7 月 8 日）

内蒙古锡林浩特　双斑猛步甲（2022 年 7 月 8 日）

红角婪步甲 *Harpalus amplicollis* Ménétriès

分类地位：鞘翅目 Coleoptera，步甲科 Carabidae。

分布范围：北京、辽宁、新疆、内蒙古、河北、山西；朝鲜半岛，俄罗斯，中亚至欧洲。

形态特征：体长 7.0~8.5 mm。体黑褐色，触角口须、足淡黄褐色，前胸背板侧缘、后角基缘和鞘翅后侧缘红褐色。前胸背板基部凹窄，具皱褶，中沟浅，盘区光滑，刻点小。鞘翅光洁，第 9 行距毛穴连成 1 行。腹部第 4~6 腹板仅有原生刚毛。

生物学特性：未见报道。

内蒙古锡林浩特　红角婪步甲（2021 年 8 月 10 日）

谷婪步甲 *Harpalus calceatus* (Duftschmid)

分类地位：鞘翅目 Coleoptera，步甲科 Carabidae。

分布范围：河北、内蒙古、辽宁、陕西、宁夏、新疆、四川、云南；俄罗斯，蒙古，朝鲜半岛，日本，印度，土耳其，中亚。

形态特征：体长 10.5~14.5 mm。黑色，口器棕色或棕红色，触角及足棕黄色至棕红色。头光滑；触角向后可达前胸背板基部。前胸背板近方形，前部基部较平、侧缘稍膨，后角钝。鞘翅基部较前胸稍宽、两侧近平行，行间稍隆，第 7 行间末端 2 个毛穴，第 8、第 9 行间具浅刻点。跗节背面具毛。

生物学特性：捕食鳞翅目幼虫及蛴螬。

内蒙古锡林浩特　谷婪步甲（2022 年 8 月 24 日）

内蒙古锡林浩特　谷婪步甲（2022 年 8 月 24 日）

内蒙古锡林浩特　谷婪步甲（2022 年 8 月 24 日）

内蒙古锡林浩特　谷婪步甲（2022 年 8 月 24 日）

内蒙古锡林浩特　谷婪步甲（2022 年 8 月 24 日）

内蒙古锡林浩特　谷婪步甲（2022 年 8 月 24 日）

大卫婪步甲 *Harpalus davidianus* Tschitschérine

分类地位：鞘翅目 Coleoptera，步甲科 Carabidae。

分布范围：内蒙古、北京、河北、山西、辽宁、吉林、黑龙江、陕西、宁夏、青海；蒙古，韩国。

形态特征：体长 9.0~11.0 mm。体黑色。头光滑，触角和复眼间 2 个浅纵凹各具 1 根长毛；上唇前缘6根毛；触角向后伸达前胸背板基部，第3节之后具绒毛。前胸背板横宽，前缘微凹，基部略直，两侧中部之前最宽，饰边完整，中纵线明显但不达前缘和基部。鞘翅长卵形，具9行刻点，行间微隆，光滑。足粗短，前胫节具1个端距，凹截内具 1 根刺，具毛刷。

生物学特性：捕食鳞翅目幼虫及蛴螬。

内蒙古锡林浩特　大卫婪步甲（2022 年 7 月 8 日）

红缘婪步甲 *Harpalus froelichii* Sturm

分类地位：鞘翅目 Coleoptera，步甲科 Carabidae。

分布范围：宁夏、北京、山西、内蒙古、黑龙江、陕西、甘肃、青海、新疆；蒙古，俄罗斯，朝鲜，乌兹别克斯坦，土库曼斯坦，吉尔吉斯斯坦，哈萨克斯坦。

形态特征：体长 7.5~9.0 mm。体棕红色。头较前胸窄且具稀疏小刻点；上颚端部黑色，上唇前缘 6 根毛，唇基前角各具 1 根长毛。前胸背板宽大于长 1.5 倍，前缘深凹，基部直，两侧中间之后最宽，向后略平行，中部之前圆弧形变窄，两侧中部各具 1 根长毛，盘区中纵线明显，基部两侧各有 1 个浅凹。鞘翅宽卵形，具 9 条刻点行，行间平坦，密布微刻点，行间 8、行间 9 具 8~10 个毛穴。

生物学特性：捕食鳞翅目幼虫及蛴螬。

内蒙古锡林浩特　红缘婪步甲（2021 年 5 月 29 日）

列穴婪步甲 *Harpalus lumbaris* Mannerheim

分类地位： 鞘翅目 Coleoptera，步甲科 Carabidae。

分布范围： 宁夏、北京、山西、内蒙古、辽宁、甘肃、青海、新疆；蒙古，俄罗斯，哈萨克斯坦。

形态特征： 体棕色。头部光滑；上唇前缘 6 根毛；触角向后伸达前胸背板基部，第 3 节之后具绒毛。前胸背板横宽，前缘微凹，基部略直，两侧中部最宽，饰边完整，中纵线明显且达前缘和基部。鞘翅长卵形，具 9 行刻点，行间微隆，光滑。足粗短，前胫节具 1 个端距，具毛刷。

生物学特性： 捕食鳞翅目幼虫及蛴螬。

内蒙古锡林浩特　列穴婪步甲（2022 年 8 月 4 日）

草原婪步甲 *Harpalus pastor* Motschulsky

分类地位：鞘翅目 Coleoptera，步甲科 Carabidae。

分布范围：内蒙古、河北、山西、辽宁、黑龙江、上海、江苏、浙江、福建、山东、湖北、广东、广西、四川、宁夏、甘肃；俄罗斯，朝鲜，韩国。

形态特征：体长 11.5~12.0 mm。黑色，具弱光泽；上唇、口须、触角及足红棕色。上唇前缘 6 根长毛，中部弱凹；唇基前缘两侧各有 1 根长毛；复眼突出；触角基部 2 节光滑，其余各节具灰黄色密细毛。前胸背板宽大于长，近中部最宽，最宽处附近背面有 1 根长毛；前缘凹，基部直，侧缘圆弧形；前、后角钝角形；中纵线明显，背面有时具浅横纹，基部具稠密刻点及皱纹，两侧浅凹。翅具 9 条刻点沟，行间平。

生物学特性：未见报道。

内蒙古锡林浩特　草原婪步甲（2022 年 7 月 19 日）

内蒙古锡林浩特　草原婪步甲（2022 年 7 月 29 日）

内蒙古锡林浩特　草原婪步甲（2022 年 7 月 19 日）

内蒙古锡林浩特　草原婪步甲（2022 年 7 月 19 日）

皱翅伪葬步甲 *Pseudotaphoxenus rugipennis* (Faldermann)

分类地位：鞘翅目 Coleoptera，步甲科 Carabidae。
分布范围：黑龙江、吉林、河北、北京、山西、内蒙古；蒙古，俄罗斯。
形态特征：体长 23.0~28.0 mm。鞘翅的 11 条行间呈细点状，行间平坦，具有横向皱褶，偶尔也散布单独的刻点；唇基宽略大于长，向后呈直线变窄，基部宽于前缘，呈弧形，齿小。间隙平滑（典型形态）或者交替的间隙带有不规则点。
生物学特性：未见报道。

内蒙古锡林浩特　皱翅伪葬步甲（2022 年 8 月 7 日）

内蒙古锡林浩特　皱翅伪葬步甲（2022 年 8 月 7 日）

多食亚目
Polyphaga

金龟总科 Scarabaeoidea　黑蜣科 Passalidae

齿瘦黑蜣 *Leptaulax dentatus* (Fabricius)

分类地位：鞘翅目 Coleoptera，黑蜣科 Passalidae。

分布范围：福建、湖南、台湾、广西、贵州、西藏。

形态特征：体长 24.5~34.0 mm，宽 7.5~12.5 mm。黑色光亮，背面平。头部短宽，散布大刻点，前缘有 4 个几呈等距且等长横排在 1 条直线的齿突，但中央的距离稍宽，正中央有 1 个小齿突；背面中央具 1 条龟纹行“隆脊”，每个复眼内侧有 1 条较高宽的纵向隆脊，脊间深凹。复眼突出，刺突较宽，呈弧形；上颚前端 2 齿状，上缘有 1 枚钝齿；触角 10 节，棒部 3 节。前胸背板长稍短于宽，近矩形，背面光亮，中央有 1 条纵向深沟，两侧散布大刻点，近角内侧有 1 个小坑。鞘翅狭长，两侧平行，每翅有 10 条纵向沟纹，内侧的 4 条沟底小点状，外侧的 6 条沟底刻点较大或呈梯状。腹部光滑，两侧密布精细皱纹。足较短壮，前足胫节外缘锯齿状，端部 2 枚齿较大，跗节较细弱，爪大弧弯形。

生物学特性：未见报道。

广西龙胜　齿瘦黑蜣（2018 年 5 月 18 日）

广西龙胜　齿瘦黑蜣（2018 年 5 月 18 日）

金龟科 Scarabaeidae

异丽金龟 *Anomala* sp.

分类地位：鞘翅目 Coleoptera，金龟科 Scarabaeidae。

分布范围：内蒙古。

形态特征：长椭圆形；唇基和额布刻点；头顶通常布较疏细刻点；触角 9 节，鳃片短于其余各节总和。前胸背板宽胜于长，基部不明显狭于鞘翅；侧缘在中部或稍前处圆形；后缘中部向后圆弯。小盾片近三角形或半圆形。鞘翅长，盖过臀板基缘；肩疣不十分发达，从背面可见鞘翅外缘基边；鞘翅缘膜通常发达。无前胸腹突和中胸腹突。前胫内缘具 1 个距；中、后胫端部各具 2 个端距；前中足大爪分裂。

生物学特性：未见报道。

内蒙古新巴尔虎左旗　异丽金龟（2014 年 7 月 24 日）

内蒙古新巴尔虎左旗　异丽金龟（2014 年 7 月 24 日）

内蒙古新巴尔虎左旗　异丽金龟（2014 年 7 月 24 日）

内蒙古新巴尔虎左旗　异丽金龟（2014 年 7 月 24 日）

内蒙古新巴尔虎左旗　异丽金龟（2014 年 7 月 24 日）

内蒙古新巴尔虎左旗　异丽金龟（2014 年 7 月 24 日）

毛绢金龟 *Anomalophylla* sp.

分类地位：鞘翅目 Coleoptera，金龟科 Scarabaeidae。
分布范围：西藏东部和中国北部的高山地区。
形态特征：触角 10 节。前胸背板基部边缘具细线，前足胫节外缘具 2 枚齿。上唇前缘明显呈圆形。背部表面稀疏地覆盖着微小的刚毛，或具密集的直立刚毛。最末和倒数第 2 腹板中央存在纵向凹槽；阳茎基侧在左侧（至少）轻微突出。
生物学特性：未见报道。

西藏林芝　毛绢金龟（2018 年 7 月 18 日）

金绿花金龟 *Cetonia aurata* (Linnaeus)

分类地位：鞘翅目 Coleoptera，金龟科 Scarabaeidae。

分布范围：新疆、内蒙古、宁夏；俄罗斯，乌兹别克斯坦，吉尔吉斯斯坦，哈萨克斯坦。

形态特征：体长 14.0~17.5 mm，宽 7.0~9.0 mm。背面绿色或金绿色，有时蓝绿色；鞘翅多具白色斑；全体有强烈的金属光泽；腹面散布长短不一的黄色绒毛。唇基短宽，前缘宽凹，前角较圆，两侧有饰边，头上密布粗糙刻点。前胸背板基部最宽，两侧饰边窄，基部中凹浅，后角宽圆；盘区刻点稀小，两侧刻点弧形较大。小盾片长三角形，顶钝。鞘翅基部较宽，肩后外缘强烈弯曲，缝角不突出；盘上密布粗糙弧形皱纹，基部近翅缝有明显刻点行，近边缘多白绒斑；翅缝中部内侧横列 2 个小斑，基部中央 1 个横斑，外侧 6~8 个斑。臀板短宽，后端圆，皱纹细密；两侧近边缘各有 1 个白绒斑，中央近基部 2 个斑有时消失。腹部光滑，中部刻点和皱纹稀小，两侧密布皱纹、刻点和黄绒毛。足粗壮，前胫节雄窄雌宽，外缘具 3 枚齿，雄虫较小；中、后胫节外缘中突齿状。

生物学特性：取食柠条、锦鸡儿、杏、桃、苹果、葡萄、花棒。

新疆塔城　金绿花金龟（2016 年 7 月 29 日）

长毛花金龟 *Cetonia magnifica* (Ballion)

分类地位：鞘翅目 Coleoptera，金龟科 Scarabaeidae。

分布范围：北京、陕西、内蒙古、黑龙江、吉林、辽宁、河北、山西、河南、山东；朝鲜半岛，俄罗斯。

形态特征：体长 16.5 mm。体暗古铜色，腹面和足具较强的光泽。前胸背板通常无白斑，具细小的刻点，每刻点都具直立绒毛。小盾片光滑，具较稀刻点。鞘翅具弧形或马蹄印样刻痕，多具白色长毛，鞘翅上的毛比前胸稀疏很多；鞘翅上分布有一些白斑。

生物学特性：取食栗、栎类、玉米、高粱、苹果、梨的花或嫩叶。

北京门头沟　长毛花金龟（2021 年 6 月 27 日）

北京怀柔　长毛花金龟（2020 年 6 月 13 日）

北京怀柔　长毛花金龟（2020 年 6 月 13 日）

宽带鹿花金龟 *Dicronocephalus adamsi* (Pascoe)

分类地位：鞘翅目 Coleoptera，金龟科 Scarabaeidae。

分布范围：北京、辽宁、河北、山西、河南、湖北、湖南、四川、云南、西藏；朝鲜半岛，越南。

形态特征：体长 21.0~27.0 mm（不包括唇基突），雌雄二型。雄虫体被灰白色粉末状薄层，具漆黑色斑；前胸背板具 2 条宽纵带（不达后缘）、小盾片、鞘翅肩部及翅近端末处；唇基突呈鹿角状前突，各分为 2 叉。

生物学特性：取食板栗的雄花。

北京平谷　宽带鹿花金龟（2020 年 6 月 26 日）

北京平谷　宽带鹿花金龟（2020 年 6 月 26 日）

黄粉鹿花金龟 *Dicronocephalus bourgoini* Pouillaude

分类地位：鞘翅目 Coleoptera，金龟科 Scarabaeidae。

分布范围：河北、北京、河南、山东、江苏、浙江、江西、湖北、湖南、广东、香港、海南、四川、贵州、云南；缅甸，印度。

形态特征：体长 19.0~25.0 mm。体栗色或栗红色，大部分体表被黄色或黄绿色粉末，唇基前胸背板的 2 条较细纵肋、鞘翅肩突及后突处无粉末。雄虫唇基两侧呈鹿角状突出，其中顶端分 2 叉；雌虫唇基无角突，前缘弧形内凹。

生物学特性：取食板栗、栎类的花，数量不及宽带鹿花金龟多。

北京怀柔　黄粉鹿花金龟（2022 年 7 月 10 日）

北京怀柔　黄粉鹿花金龟（2022 年 7 月 10 日）

穆平丽花金龟 *Euselates moupinensis* (Fairmaire)

分类地位：鞘翅目 Coleoptera，金龟科 Scarabaeidae。

分布范围：北京、内蒙古、浙江、江西、福建、湖北、四川、云南。

形态特征：体长 13.5 mm。体黑色，鞘翅赭红色，体背具不同形状的黄色绒斑或带：唇基和额部两侧各 1 条，前胸背板具 3 条，中央呈“Y”形，两侧独立或端部与“Y”形纹相接，小盾片中央具细纵条，与前胸背板的“Y”纹相连；鞘翅上具黑色斑及锈黄色斑；臀板具 3 个黄斑，在基部稍分离或相连；触角红褐色。腹部前 4 节两侧具横向的黄斑。雌虫前胸背板黑色，无斑纹。

生物学特性：未见报道。

北京昌平　穆平丽花金龟（2020 年 7 月 4 日）

北京昌平　穆平丽花金龟（2020 年 7 月 4 日）

小青花金龟 *Gametis jucunda* (Faldermann)

分类地位： 鞘翅目 Coleoptera，金龟科 Scarabaeidae。

分布范围： 我国广泛分布；日本，朝鲜，俄罗斯，蒙古，印度，孟加拉国，尼泊尔，北美洲。

形态特征： 体长 12.0~14.0 mm；体色多变，有古铜色、暗绿色、红铜色、黑褐色等，具光泽，体背具大小不等的淡黄白斑；前胸背板中央两侧各 1 个，侧缘白色或具白斑，鞘翅上众多；有些个体鞘翅近基部具橙黄色大斑；臀板上具 4 个横列的白斑。

生物学特性： 成虫取食苹果、梨、桃、杏、葡萄等果树及其他多种植物的芽、花蕾、花瓣及嫩叶；幼虫地下生活，取食腐殖质。

新疆新源　小青花金龟（2017 年 7 月 19 日）

内蒙古锡林浩特　小青花金龟（2022 年 6 月 26 日）

内蒙古锡林浩特　小青花金龟（2022 年 6 月 26 日）

内蒙古锡林浩特　小青花金龟（2022 年 6 月 26 日）

内蒙古锡林浩特　小青花金龟（2022 年 6 月 26 日）

北京门头沟　小青花金龟（2022 年 10 月 4 日）

北京门头沟　小青花金龟（2022 年 10 月 4 日）

北京房山　小青花金龟（2022 年 6 月 26 日）

北京房山　小青花金龟（2022 年 6 月 26 日）

华北大黑鳃金龟 *Holotrichia oblita* (Faldermann)

分类地位：鞘翅目 Coleoptera，金龟科 Scarabaeidae。

分布范围：北京、陕西、甘肃、宁夏、内蒙古、辽宁、山西、河北、河南、山东、江苏、安徽、浙江、江西；日本，朝鲜半岛，俄罗斯。

形态特征：体长 17.0~21.8 mm。体黑褐色至黑色，油亮具光泽。唇基短阔，前侧、侧缘上翘，前缘中凹明显。触角 10 节，鳃部 3 节，雄虫鳃部长，明显长于前 6 节之和。小盾片近半圆形。鞘翅后半部稍扩大，具 4 条清楚纵肋。后足第 1 跗节短于第 2 节，足具 2 个跗爪，爪中部具 1 枚大齿。

生物学特性：成虫取食杨、柳、榆、桑等多种植物的叶片，幼虫取食植物的根，可为害草坪、苗木。

北京朝阳　华北大黑鳃金龟（2022 年 5 月 18 日）

北京朝阳　华北大黑鳃金龟（2022 年 5 月 18 日）

棕色齿爪鳃金龟 *Holotrichia titanis* (Reitter)

分类地位：鞘翅目 Coleoptera，金龟科 Scarabaeidae。

分布范围：北京、陕西、甘肃、内蒙古、吉林、辽宁、河北、山西、河南、山东、江苏、浙江、湖北、广西；朝鲜半岛，俄罗斯。

形态特征：体长 17.5~24.5 mm。体褐色至茶褐色，前胸背板稍泛红色，体背具丝绒般光泽。额部高于唇基，表面粗糙。触角 10 节，鳃部 3 节。前胸背板密布刻点。鞘翅第 1 条纵肋在后部收尖。胸部腹面密生淡黄色绒毛。后足第 1 跗节显著短于第 2 节；爪下齿弱于端齿，着生于中部偏基部的位置。

生物学特性：幼虫取食植物的根，成虫不取食，具趋光性。

内蒙古锡林浩特　棕色齿爪鳃金龟（2022 年 7 月 15 日）

内蒙古锡林浩特　棕色齿爪鳃金龟（2022 年 7 月 14 日）

角斑修丽金龟 *Ischnopopillia pusilla* (Arrow)

分类地位：鞘翅目 Coleoptera，金龟科 Scarabaeidae。

分布范围：西藏；尼泊尔，印度。

形态特征：体呈长椭圆形；触角 9 节；头和前胸背板不具毛；前胸背板宽于长，隆拱较弱，基部明显窄于鞘翅；后缘无边框，中部在小盾片前近直。鞘翅具金属光泽，长，两侧不平行，中部最宽，且盖过臀板基缘；从背面不见鞘翅外缘基边；雌虫鞘翅外缘基半部通常具侧疣。臀板光滑或被毛，但不具毛斑。具中胸腹突。前足胫节外缘具 2 枚齿，内缘具 1 个距；前、中足大，爪分裂。雄性外生殖器阳基侧突端外侧具 2 枚齿且呈弧形，并逐渐变窄。

生物学特性：未见报道。

西藏林芝 角斑修丽金龟（2018 年 7 月 20 日）

西藏林芝　角斑修丽金龟（2018 年 7 月 20 日）

拉鳃金龟 *Lasiopsis* sp.

分类地位：鞘翅目 Coleoptera，金龟科 Scarabaeidae。
分布范围：黑龙江、内蒙古、辽宁；朝鲜半岛，吉尔吉斯斯坦。
形态特征：体被覆竖立长毛；头较窄，触角 9 节，鳃片 3 节；唇基略宽，前胸背板前缘无革质边缘；前足胫节内缘距发达，中、后足胫节具 2 个端距，后足端距下生、相距较近；各足跗节均具 2 个爪，爪于端部或中部处裂，爪下齿同向生。
生物学特性：未见报道。

内蒙古锡林浩特　拉鳃金龟（2022 年 8 月 10 日）

内蒙古锡林浩特　拉鳃金龟（2022 年 8 月 10 日）

内蒙古锡林浩特　拉鳃金龟（2022 年 8 月 10 日）

内蒙古锡林浩特　拉鳃金龟（2022 年 8 月 10 日）

黑绒金龟 *Maladera orientalis* (Motschulsky)

分类地位：鞘翅目 Coleoptera，金龟科 Scarabaeidae。

分布范围：北京、宁夏、甘肃、内蒙古、吉林、辽宁、河北、山西、山东、江苏、安徽、浙江、福建、台湾、湖北、湖南、广东、海南；日本，朝鲜，俄罗斯，蒙古。

形态特征：体长 6.0~9.0 mm；体黑褐色，体表灰暗而具丝绒般光泽；触角 9 节、少数 10 节，鳃部 3 节，雄虫鳃部长，约为前 5 节之和的 2 倍；胸部腹板密被绒毛，腹部每节腹板具 1 排毛。

生物学特性：成虫取食桃、樱花、金银木等的嫩叶或花蕾。

内蒙古锡林浩特　黑绒金龟（2021 年 5 月 16 日）

内蒙古锡林浩特　黑绒金龟（2021 年 5 月 19 日）

弟兄鳃金龟 *Melolontha frater* Arrow

分类地位：鞘翅目 Coleoptera，金龟科 Scarabaeidae。

分布范围：北京、宁夏、内蒙古、黑龙江、吉林、辽宁、河北、山西、河南；日本。

形态特征：体长22.0~26.0 mm。体淡褐色，密被乳白色或灰白色针尖形毛。雄虫触角鳃部7节，长，但短于前胸背板，雌虫6节，短小；雌雄两性第3节均很长，明显长于第2节。鞘翅具4条纵肋，其中最外侧1条短，后大部不显。中足基节之间的中胸腹板具短小锥形突，不伸达前胸。雄虫前足胫节外缘具2枚齿，雌虫具3枚齿；爪近基部具小齿。

生物学特性：幼虫取食植物地下的根，4年1代。

内蒙古锡林浩特　弟兄鳃金龟（2022年7月14日）

内蒙古锡林浩特　弟兄鳃金龟（2022 年 7 月 14 日）

内蒙古锡林浩特　弟兄鳃金龟（2022 年 7 月 14 日）

浅褐彩丽金龟 *Mimela testaceoviridis* Blanchard

分类地位： 鞘翅目 Coleoptera，金龟科 Scarabaeidae。

分布范围： 北京、陕西、河北、山东、江苏、上海、安徽、浙江、江西、福建、台湾、湖北、湖南、广西、四川。

形态特征： 体长 14.0~18.0 mm。体黄褐色，具淡铜色金属闪光。唇基横长梯形，前缘直，稍上翘。触角 9 节，鳃部 3 节，雌虫长与前 5 节之和相近，雄虫长明显长于前 5 节之和（约为 1.6 倍）。可见 4 条纵肋，肋间刻点粗密。

生物学特性： 南京 1 年 1 代，以 3 龄幼虫在土中越冬。北京成虫出现于 6~7 月，具趋光性，会啃食多种植物（如葡萄、柿、树莓、越橘）的叶片。

北京怀柔　浅褐彩丽金龟（2020 年 7 月 4 日）

北京怀柔　浅褐彩丽金龟（2022 年 6 月 18 日）

中华弧丽金龟 *Popillia quadriguttata* (Fabricius)

分类地位：鞘翅目 Coleoptera，金龟科 Scarabaeidae。

分布范围：北京、陕西、青海、宁夏、甘肃、内蒙古、黑龙江、吉林、辽宁、河北、山西、河南、山东、江苏、安徽、浙江、江西、福建、台湾、湖北、广东、广西、四川、贵州、云南；朝鲜，越南。

形态特征：体长 7.5~12.0 mm；体青铜色，有闪光，尤以前胸背板为亮，但鞘翅黄褐色，侧缘颜色稍深，缝肋部分带绿色或黑绿色；鞘翅具 6 条刻点沟；板基部具 2 个白色毛斑，腹部第 1~5 节侧面各具 1 个白色毛斑。

生物学特性：成虫 6~9 月活动，取食葡萄、大豆、花生、苹果等植物的叶片或花，幼虫取食小麦、豆类等植物的根。

内蒙古科尔沁右翼中旗　中华弧丽金龟（2021 年 7 月 9 日）

吉林吉林　中华弧丽金龟（2016 年 8 月 12 日）

吉林吉林　中华弧丽金龟（2016 年 8 月 12 日）

内蒙古科尔沁右翼中旗　中华弧丽金龟（2021 年 6 月 28 日）

内蒙古科尔沁右翼中旗　中华弧丽金龟（2021 年 7 月 9 日）

白星花金龟 *Protaetia brevitarsis* (Lewis)

分类地位：鞘翅目 Coleoptera，金龟科 Scarabaeidae。

分布范围：北京、河北、山西、内蒙古、黑龙江、吉林、辽宁、江苏、浙江、安徽、福建、江西、山东、河南、湖北、湖南、四川、云南、西藏、陕西、甘肃、宁夏、新疆、青海、台湾；朝鲜，日本，蒙古，俄罗斯。

形态特征：体长 18.0~22.0 mm，长椭圆形。古铜色、铜黑色或铜绿色，前胸背板及鞘翅布有条形、波形、云状、点状白色绒斑，左右对称排列。唇基近六边形，前缘横直，弯翘，中段微弧凹，两侧隆棱近直，左右近平行，有密刻点刻纹。雄虫鳃片部长于其触角前 6 节长之和。前胸背板前狭后阔，前缘无边框，侧缘略呈“S”形弯曲，侧方密布斜波形或弧形刻纹，散布乳白绒斑。鞘翅侧缘前段内弯，表面绒斑较集中的可分为 6 团，团间散布小斑。臀板有绒斑 6 个。前胫外缘 3 枚锐齿，内缘距端位。1 对爪近锥形。中胸腹突基部明显缢缩，前缘微弧弯或近横直。

生物学特性：取食柳、榆、柏、苹果、梨、山杏等的花、流汁、果及树叶。幼虫生活在腐殖质丰富的疏松土壤或腐熟堆肥中。在北京 7、8 月可见成虫。在吉林 1 年 1 代，以较大幼虫在土中越冬，成虫始见于 5 月中旬，终见于 10 月底，卵期 7~10 d，幼虫期 290~330 d，蛹期 30 d 左右。

内蒙古锡林浩特　白星花金龟（2022 年 8 月 24 日）

宁夏原州　白星花金龟（2022 年 8 月 10 日）

宁夏原州　白星花金龟（2022 年 8 月 8 日）

内蒙古锡林浩特　白星花金龟（2022 年 8 月 24 日）

内蒙古锡林浩特　白星花金龟（2022 年 8 月 24 日）

宁夏原州　白星花金龟（2022 年 8 月 10 日）

新疆精河　白星花金龟（2016 年 7 月 28 日）

新疆精河　白星花金龟（2016 年 7 月 28 日）

隐翅虫总科 Staphylinoidea　　葬甲科 Silphidae

亮黑覆葬甲 *Nicrophorus morio* Gebler

分类地位： 鞘翅目 Coleoptera，葬甲科 Silphidae。

分布范围： 宁夏、河北、内蒙古、江西、广西、甘肃、青海、新疆；蒙古，俄罗斯，阿富汗，伊朗，乌兹别克斯坦，土库曼斯坦，吉尔吉斯斯坦，哈萨克斯坦。

形态特征： 体长 17.0~27.0 mm。亮黑色。头横宽，上唇前缘深凹，具稀疏刻点，唇基中央具 1 个大“U”形膜区，暗褐色至橙黄色，额唇基沟宽“V”形；复眼大而突出，其内侧具纵沟；触角向后伸达前胸背板前角，端锤显大，略扁。前胸背板近倒梯形，端部 1/4 处最宽，前缘浅凹，基部平截，四角均弧弯；盘区隆起，两侧及基部降低；前横沟位于端部 1/3，中部较浅，纵沟微弱；刻点小而稀疏、杂乱，降低处刻点粗大，刻点间隙有稀疏的细微刻点。小盾片倒三角形，顶钝。鞘翅表面光滑，刻点较大和稀疏，隐约排成 2 列；缘折脊长达小盾片中部；盘区刻点间隙具稀疏细刻点和乱痕；缘折与盘区之间有 1 列直立深色长毛。后胫节外缘中部扩展；雄虫前足第 1~4 跗节扩展并具黄色毛垫，雌虫跗节正常。

生物学特性： 取食动物尸体。

内蒙古锡林浩特　亮黑覆葬甲（2022 年 7 月 8 日）

内蒙古锡林浩特　亮黑覆葬甲（2022 年 6 月 21 日）

叩甲总科 Elateroidea　花萤科 Cantharidae

红毛花萤 *Cantharis rufa* Linnaeus

分类地位： 鞘翅目 Coleoptera，花萤科 Cantharidae。

分布范围： 北京、青海、新疆、内蒙古、黑龙江、吉林、辽宁、河北、西藏；朝鲜半岛，俄罗斯，中亚，北美洲。

形态特征： 体长 9.0~11.0 mm。鞘翅红棕色，或大部黑色，仅翅缘棕色，触角基部 2 节棕色、余黑色（基部大多棕色）。前胸背板前缘弧形外突，后缘较直，宽大于长。

生物学特性： 幼虫和成虫均为捕食性。

内蒙古锡林浩特　红毛花萤（2022 年 6 月 22 日）

叩甲科 Elateridae

双瘤槽缝叩甲 *Agrypnus bipapulatus* (Candèze)

分类地位：鞘翅目 Coleoptera，叩甲科 Elateridae。

分布范围：北京、内蒙古、吉林、辽宁、河南、江苏、江西、福建、台湾、湖北、广西、四川、贵州、云南；日本，朝鲜半岛。

形态特征：体长 16.5 mm。体黑色，密被褐色鳞片状扁毛，触角黑褐色，足及体腹面暗红褐色至黑褐色。触角短，不达前胸基部，第 2 节大于第 3 节（此节最小），第 4 节及以后各节呈锯齿状，端节椭圆形，近端部两侧凹入成假节。前胸背板两侧略呈“S”形，后角前内凹明显，背板中部具 2 个横瘤。鞘翅在端 1/3 处变狭，2 鞘翅端缘圆突。

生物学特性：寄主植物有花生、甘薯、麦类、棉花、玉米等。

内蒙古科尔沁右翼中旗　双瘤槽缝叩甲（2021 年 7 月 9 日）

暗足双脊叩甲 *Ludioschema obscuripes* (Gyllenhal)

分类地位：鞘翅目 Coleoptera，叩甲科 Elateridae。

分布范围：河北、北京、江苏、浙江、福建、台湾、华中、华南、四川、云南、西藏；韩国，日本，越南，印度。

形态特征：体长约 15.0 mm，宽约 5.0 mm；体色多变，通常暗褐色至黑色；密被棕黄色短毛。额无横脊；触角近锯齿状，细长，向后伸达前胸背板基部。前胸背板长明显大于宽，隆凸，中纵沟显著；侧缘弧形，后侧角向斜后方突出，长而尖、具 2 条纵脊。鞘翅狭长，基部最宽，向端部渐狭；刻点行间凸，布细刻点。足细长，爪简单。

生物学特性：幼虫取食甘蔗等。

北京平谷　暗足双脊叩甲（2020 年 6 月 26 日）

北京平谷　暗足双脊叩甲（2020 年 6 月 26 日）

北京怀柔　暗足双脊叩甲（2022 年 7 月 10 日）

北京怀柔　暗足双脊叩甲（2022 年 6 月 18 日）

沟线角叩甲 *Pleonomus canaliculatus* (Faldermann)

分类地位：鞘翅目 Coleoptera，叩甲科 Elateridae。

分布范围：华北、东北、陕西、甘肃、华东、华中、广西、贵州；蒙古。

形态特征：体长 14.0~18.0 mm，宽 3.5~5.0 mm；红棕色，密被黄色绒毛。头密布刻点；雄虫触角长，丝状，向后伸达鞘翅末端；雌虫触角短，锯齿状，长约为前胸的 2 倍。前胸背板长约等于宽，端部略窄于基部，隆凸；侧缘中后部略弧凸，后侧角尖细，向斜后方凸出。雄虫鞘翅约为前胸长度的 5 倍，具明显纵沟，具后翅；雌虫鞘翅约为前胸长的 4 倍，纵沟不明显，无后翅。

生物学特性：取食麦类、玉米、高粱、大豆、甘薯、花生、芝麻、梨、桑、杨等。

北京朝阳　沟线角叩甲（2021 年 3 月 23 日）

北京朝阳　沟线角叩甲（2021 年 3 月 23 日）

吉丁总科 Buprestoidea　　吉丁科 Buprestidae

方平窄吉丁 *Agrilus quadrisignatus* Marseul

分类地位：鞘翅目 Coleoptera，吉丁科 Buprestidae。

分布范围：内蒙古、吉林、北京、河北、山西、陕西、甘肃、江苏；俄罗斯，蒙古，朝鲜半岛。

形态特征：体长 5.0~7.0 mm。全体紫褐色，发金色或铜色光泽。头部纵向浅凹，具 1 条细纵沟，头顶横向内凹，额部平，与复眼顶端近同一平面，密布不规则的刻纹及刻孔，另具较密的灰色绒毛。前胸背板宽约为长的 1.6 倍，前缘双弧状，中叶阔突，但与前角高度近等，两侧缘直弧状，近于平行，基角稍向外扩延，顶端较钝，后缘两侧内凹很深，中叶正中有弧状内凹，背板表面整体隆突，正中前后各具 1 个凹窝，整个背板密布横状或弧状刻纹，中前部呈同心状排列，肩前脊缺失。小盾片前半部近梯形，正中突起，后半部三角形。鞘翅长约为宽的 2.6 倍，两侧中前部近于平行，后 1/3 处膨大，然后渐收窄，翅端圆弧状，具短而尖的顶齿及缘齿，翅面均等密布不规则颗粒状突起，整个鞘翅均匀分布较稀的灰棕色绒毛，鞘翅在基窝内、翅中及顶端 1/4 处各具 1 处黄棕色绒毛斑。腹面暗紫褐色，密布不规则的刻纹或不规则颗粒状突起，另具少许灰色绒毛。

生物学特性：未见报道。

内蒙古锡林浩特　方平窄吉丁（2021 年 6 月 1 日）

窄吉丁种 1 *Agrilus* sp.1

分类地位：鞘翅目 Coleoptera，吉丁科 Buprestidae。
分布范围：中国广泛分布；俄罗斯，朝鲜，日本，老挝等。
形态特征：前胸背板侧面具 2 列完整纵脊，边缘下脊通常仅伸达基部之前，但仍较为完整。多数种类在背板两侧边缘脊内侧另具 1 列长短不一、曲度不同的肩前脊，部分种类缺肩前脊。该属前胸背板边缘脊、边缘下脊及肩前脊，这 3 列隆脊常构成不同的排列方式；中胸腹板与中胸侧板融合，中足跗节第 1 节通常大于或等于第 2 节与第 3 节的长度之和。
生物学特性：未见报道。

内蒙古锡林浩特　窄吉丁种 1（2021 年 8 月 20 日）

内蒙古锡林浩特　窄吉丁种 1（2021 年 8 月 3 日）

内蒙古锡林浩特　窄吉丁种 1（2021 年 8 月 20 日）

内蒙古锡林浩特　窄吉丁种 1（2021 年 8 月 20 日）

窄吉丁种 2 *Agrilus* sp.2

分类地位：鞘翅目 Coleoptera，吉丁科 Buprestidae。

分布范围：中国广泛分布；俄罗斯，朝鲜，日本，老挝等。

形态特征：前胸背板侧面具 2 列完整纵脊，边缘下脊通常仅伸达基部之前，但仍较为完整。多数种类在背板两侧边缘脊内侧另具 1 列长短不一、曲度不同的肩前脊，部分种类缺肩前脊。该属前胸背板边缘脊、边缘下脊及肩前脊，这 3 列隆脊常构成不同的排列方式；中胸腹板与中胸侧板融合，中足跗节第 1 节通常大于或等于第 2 节与第 3 节的长度之和。

生物学特性：未见报道。

内蒙古锡林浩特　窄吉丁种 2（2021 年 6 月 17 日）

内蒙古锡林浩特　窄吉丁种 2（2021 年 6 月 20 日）

内蒙古锡林浩特　窄吉丁种 2（2021 年 6 月 20 日）

内蒙古锡林浩特　窄吉丁种 2（2021 年 6 月 17 日）

窄吉丁种 3 *Agrilus* sp.3

分类地位：鞘翅目 Coleoptera，吉丁科 Buprestidae。
分布范围：中国广泛分布；俄罗斯，朝鲜，日本，老挝等。
形态特征：前胸背板侧面具 2 列完整纵脊，边缘下脊通常仅伸达基部之前，但仍较为完整。多数种类在背板两侧边缘脊内侧另具 1 列长短不一、曲度不同的肩前脊，部分种类缺肩前脊。该属前胸背板边缘脊、边缘下脊及肩前脊，这 3 列隆脊常构成不同的排列方式；中胸腹板与中胸侧板融合，中足跗节第 1 节通常大于或等于第 2 节与第 3 节的长度之和。
生物学特性：未见报道。

内蒙古锡林浩特　窄吉丁种 3（2021 年 6 月 18 日）

内蒙古锡林浩特　窄吉丁种 3（2021 年 6 月 18 日）

内蒙古锡林浩特　窄吉丁种 3（2021 年 6 月 18 日）

内蒙古锡林浩特　窄吉丁种 3（2021 年 6 月 18 日）

绿窄吉丁 *Agrilus viridis* (Linnaeus)

分类地位： 鞘翅目 Coleoptera，吉丁科 Buprestidae。

分布范围： 北京、陕西、新疆、内蒙古、黑龙江、吉林、辽宁、河北、山西、河南、山东、福建、湖北、云南、西藏；日本，蒙古，中亚至欧洲，北非。

形态特征： 体长 7.5 mm。体色有变化，蓝绿色、铜黄色，体表无明显绒毛斑。前胸背板前缘稍直，后缘双曲状，背面密布刻纹，中央后部具纵向浅凹。小盾片具横脊，其前方为扁五角形斜面，脊后为小三角形。鞘翅两侧中前部近平行，后 1/3 处稍膨大、翅顶圆弧形（稍尖），端缘具细齿。末节腹板端部圆形。

生物学特性： 1 年 1 代，以幼虫越冬。寄主为柳、榆、桦、槭、杨等，成虫羽化孔卵圆形。

内蒙古锡林浩特　绿窄吉丁（2021 年 5 月 28 日）

双斑卵吉丁 *Cyphosoma tataricum* (Pallas)

分类地位：鞘翅目 Coleoptera，吉丁科 Buprestidae。

分布范围：甘肃、新疆；哈萨克斯坦，吉尔吉斯斯坦，塔吉克斯坦，乌兹别克斯坦，土库曼斯坦，伊朗，阿塞拜疆，欧洲。

形态特征：体长 15.0~20.0 mm。全体黑褐色，发铜色或紫色光泽。头短，前突，密布圈状或脐状刻点，以及光滑的雕状纹，头顶正中具 1 条细纵沟。前胸背板横宽，前缘双弧状，中叶阔突，两侧缘圆弧状，向外扩延，中间最宽，后缘双弧状，中叶阔宽，背板表面密布圈状或脐状刻点及颗粒状突起，靠近外缘另具甚密光滑的细雕纹，背板正中中后部低凹，近基部具 1 处半月形凹斑。小盾片细小，圆点状。翅近锥形，中前部弧状内凹，自后 1/3 处渐向顶端收窄，翅顶圆弧状，光滑无缘齿，翅表具纵脊及纵刻点行，靠外缘具 1 列灰色绒毛纵斑，自翅肩伸至近翅顶，沿外缘处具 1 列较窄的灰色绒毛纵斑。腹面黑褐色，具不规则的刻点及灰色绒毛。

生物学特性：未见报道。

新疆北屯　双斑卵吉丁（2014 年 6 月 28 日）

新疆北屯　双斑卵吉丁（2014 年 6 月 28 日）

新疆北屯　双斑卵吉丁（2014 年 6 月 28 日）

新疆北屯　双斑卵吉丁（2014 年 6 月 28 日）

天花土吉丁 *Julodis variolaris* (Pallas)

分类地位：鞘翅目 Coleoptera，吉丁科 Buprestidae。

分布范围：甘肃、新疆；哈萨克斯坦，吉尔吉斯斯坦，乌兹别克斯坦，土库曼斯坦，阿富汗，伊朗，阿塞拜疆，欧洲。

形态特征：体长 28.0~35.0 mm。纺锤形，全体暗蓝绿色，具金色光泽。头部甚短，大部缩入前胸内，向下倾凹，密布圆形粗刻点及甚密的灰色长刚毛和毛粉层。前胸背板整体前倾，宽约为长的 2.1 倍，前缘双弧状，中叶突，两侧缘斜状，基部最宽，渐向前端收窄，基角顶端尖，后缘双弧状，中叶向后尖突，背板表面整体隆突，密布圆形粗刻点或粗颗粒状突起，沿中线为 1 列纵脊，光裸无毛，两侧密被灰色长刚毛，另沿中线两侧中后部各具 1 列灰黄色纵向毛斑。缺小盾片。翅长约为宽的 1.8 倍，两侧基部收窄，自翅肩至中部略微弧状内凹，后 1/3 处膨大，然后渐向顶端收窄，翅顶稍内凹，两侧各具 1 个钝刺，鞘翅表面均等分布灰色绒毛，中前部靠近翅缝为曲波状刻纹，光滑发亮，其他部位为不规则粗刻点，每翅具 4 列纵向灰色圆形毛斑，基部凹窝内另具 1 处灰色毛斑。腹面正中暗蓝色，光滑发亮，两侧密被灰色长刚毛或毛粉层。

生物学特性：未见报道。

新疆阜康　天花土吉丁　梭梭（2006 年 7 月 4 日）

新疆阜康　天花土吉丁　梭梭（2006 年 7 月 4 日）

金缘斑吉丁 *Lamprdila limbata* (Gebier)

分类地位：鞘翅目 Coleoptera，吉丁科 Buprestidae。

分布范围：内蒙古、黑龙江、吉林、辽宁、河北、山西、山东、河南、陕西、宁夏、甘肃、青海、新疆、江苏、浙江、湖北、江西；俄罗斯，蒙古。

形态特征：体长 13.0~19.0 mm。体绿色，触角紫黑色，前胸背板侧缘中后部及鞘翅侧后缘红铜色。头短，正中为 1 条细纵沟，额部内凹，具刻点及光滑隆起刻纹，另具少许灰色刚毛。前胸背板宽约为长的 1.56 倍，近中部最宽，侧缘自中部向前收窄，向后斜直，基部双曲状，中叶突，板表面密布圈状或脐状刻点，粗略可见 3 列黑纵带，两侧各为紫色纵带。小盾片多边形，宽大于长。鞘翅长约为宽的 2.13 倍，基部收窄，自肩至后 1/3 处弧状内凹，然后向翅端快速收窄，翅端斜切状，具多个顶刺，背面密布圈状或脐状粗刻点，鞘翅粗略可见 6 列紫黑色斑组成的纵带，两侧为紫红纵带。腹面被密集小刻点及棕色绒毛，腹部末节端部近直截状或浅凹，侧缘无明显后突。

生物学特性：未见报道。

内蒙古科尔沁右翼中旗　金缘斑吉丁（2021 年 7 月 8 日）

内蒙古科尔沁右翼中旗　金缘斑吉丁（2021 年 7 月 8 日）

郭公甲总科 Cleroidea　郭公虫科 Cleridae

中华食蜂郭公虫 *Trichodes sinae* (Chevrolat)

分类地位： 鞘翅目 Coleoptera，郭公虫科 Cleridae。

分布范围： 北京、陕西、宁夏、甘肃、青海、新疆、内蒙古、黑龙江、吉林、辽宁、河北、山西、河南、山东、上海、江苏、浙江、江西、福建、湖北、湖南、广东、广西、四川、重庆、贵州、云南、西藏；朝鲜半岛，俄罗斯，蒙古。

形态特征： 体长 9.0~18.0 mm。头及前胸深蓝色，鞘翅红色，基部具半圆形小黑斑，基部 1/3、端部 1/3 和翅端具黑色横纹。触角短，触角棒 3 节，较宽大。

生物学特性： 幼虫捕食蜜蜂科（如意大利蜜蜂）、切叶蜂科（如火红拟孔蜂）巢内的幼虫，可为害养蜂业。北京 6~8 月可见成虫，可访多种植物的花朵，如枣、葱、瓣蕊唐松草、独活、胡萝卜、马铃薯等。

内蒙古科尔沁右翼中旗　中华食蜂郭公虫（2021 年 7 月 8 日）

内蒙古科尔沁右翼中旗　中华食蜂郭公虫（2021 年 7 月 8 日）

北京海淀　中华食蜂郭公虫　委陵菜（2020 年 7 月 19 日）

北京海淀　中华食蜂郭公虫　委陵菜（2020 年 7 月 19 日）

瓢甲总科 Coccinelloidea 瓢虫科 Coccinellidae

七星瓢虫 *Coccinella septempunctata* Linnaeus

分类地位： 鞘翅目 Coleoptera，瓢虫科 Coccinellidae。

分布范围： 河北、北京、内蒙古、黑龙江、吉林、陕西、甘肃、新疆、浙江、福建、台湾、华中、华南、西南；除大洋洲、南美洲外，世界广布。

形态特征： 体长 5.2~7.0 mm、宽 4.0~5.6 mm；卵圆形、半球形拱起；背面光裸。头部黑色，唇基前缘具窄黄纹。额上有 1 对淡黄色圆斑；触角棕褐色。前胸背板前侧角各 1 个近四边形淡黄白色斑；小盾片黑色。鞘翅红色或橙黄色，具 7 个黑色斑，其中基斑位于翅缝处，基部近小盾片两侧各具 1 个近三角形白色小斑。足黑色，密生细毛。

生物学特性： 捕食蚜虫。

内蒙古锡林浩特 七星瓢虫（2021 年 8 月 2 日）

内蒙古科尔沁右翼中旗　七星瓢虫（2021 年 7 月 4 日）

内蒙古锡林浩特　七星瓢虫（2021 年 7 月 14 日）

内蒙古锡林浩特　七星瓢虫（2021 年 7 月 14 日）

异色瓢虫 *Harmonia axyridis* (Pallas)

分类地位：鞘翅目 Coleoptera，瓢虫科 Coccinellidae。

分布范围：全国广布，尤其在内蒙古地区；世界广布。

形态特征：体长 5.4~8.0 mm，宽 3.8~5.2 mm；卵圆形，半球形拱起；背面光裸，色泽及斑纹变异极大。头部由橙黄色至全部黑色。前胸背板黄白色，具 1 个“M”形斑，或黑色两侧具白色斑；小盾片浅色或黑色。鞘翅从全部橙黄色至全部黑色，7/8 处明显降凸形成横脊。

生物学特性：捕食蚜虫、木虱、粉蚧等。

内蒙古科尔沁右翼中旗　异色瓢虫（2021 年 7 月 13 日）

内蒙古锡林浩特　异色瓢虫（2022 年 7 月 8 日）

内蒙古锡林浩特　异色瓢虫（2022 年 7 月 8 日）

马铃薯瓢虫 *Henosepilachna vigintioctomaculata* (Motschulsky)

分类地位：鞘翅目 Coleoptera，瓢虫科 Coccinellidae。

分布范围：河北、山西、东北、陕西、甘肃、华东、河南、湖北、广西、西南；俄罗斯，朝鲜半岛，日本，东南亚，尼泊尔。

形态特征：体长 6.6~8.3 mm，宽 5.8~6.5 mm；近卵形或心形，背面拱起；红棕色至红黄色，具黑色斑，密被黄灰色毛，黑色斑杂黑色毛。头部中央 2 个黑斑，有时接合。前胸背板 7 个黑斑，中间 3 个斑常合并，两侧 2 个斑分别相连，有时几乎完全黑色。鞘翅 28 个黑斑 (每翅 6 个基斑和 8 个变斑)，变化较大，两翅沿翅缝第 2 个黑色斑于翅缝处相连。

生物学特性：取食马铃薯、茄、番茄等茄科植物。

吉林珲春　马铃薯瓢虫（2013 年 7 月 27 日 ）

吉林珲春　马铃薯瓢虫幼虫（2013 年 7 月 27 日）

吉林珲春　马铃薯瓢虫幼虫（2013 年 7 月 27 日）

吉林珲春　马铃薯瓢虫为害状（2013 年 7 月 27 日）

多异瓢虫 *Hippodamia variegata* (Goeze)

分类地位：鞘翅目 Coleoptera，瓢虫科 Coccinellidae。
分布范围：华北、东北、西北、西南、山东、福建、河南、湖南；除大洋洲、南美洲外，世界广布。
形态特征：体长 3.6~5.1 mm，宽 2.3~3.1 mm；长卵形，光滑。头端部黄白色，基部黑色；触角黄褐色。前胸背板黄白色，基部具黑色横带，向前分出 4 支，有时愈合形成 2 个中空方形斑；小盾片黑色。鞘翅黄褐色至红褐色，基部小盾片两侧各有 1 个黄白色横斑，向外色渐深，共 13 个黑色斑，变化较大，常合并或消失。足大部黑色，胫节端部黄褐色。
生物学特性：捕食蚜虫等。

内蒙古科尔沁右翼中旗　多异瓢虫（2021 年 7 月 4 日）

内蒙古锡林浩特　多异瓢虫（2022 年 6 月 21 日）

内蒙古锡林浩特　多异瓢虫（2021 年 5 月 13 日）

内蒙古锡林浩特　多异瓢虫（2021 年 8 月 29 日）

拟步甲总科 Tenebrionoidea　蚁形甲科 Anthicidae

一角甲 *Notoxus monoceros* (Linnaeus)

分类地位：鞘翅目 Coleoptera，蚁形甲科 Anthicidae。

分布范围：河北、北京、内蒙古、黑龙江、陕西、宁夏、甘肃、新疆；俄罗斯，蒙古，中亚，印度，南非。

形态特征：体长 4.0~5.3 mm。体红黄色，鞘翅淡黄色并有暗斑。触角丝状。前胸背板窄于鞘翅基部，向前延伸成 1 个角状突，角状突两侧锯齿状。每鞘翅在近小盾片处和肩胛后各有 1 个黑色斑，在翅端 1/3 处又有 1 条横带，该横带沿翅缝向前伸展，有时与近小盾片处的黑斑融为一体；有时肩胛后的暗斑缩小或消失，翅端部的横带有时中断或仅保留上述纵带，其余的暗色斑全部消失。

生物学特性：主要以蚜虫为食，对小麦和桃树等植物上的蚜虫有控制作用。

内蒙古锡林浩特　一角甲（2021 年 8 月 18 日）

内蒙古锡林浩特　一角甲（2021 年 8 月 18 日）

内蒙古锡林浩特　一角甲（2021 年 8 月 18 日）

内蒙古锡林浩特　一角甲（2021 年 8 月 18 日）

内蒙古锡林浩特　一角甲（2021 年 8 月 18 日）

芫菁科 Meloidae

焦边豆芫菁 *Epicauta ambusta* (Pallas)

分类地位：鞘翅目 Coleoptera，芫菁科 Meloidae。
分布范围：内蒙古、河北；蒙古，俄罗斯，朝鲜半岛。
形态特征：头部（除唇基和口器）完全黑色，触角基瘤黑色；雄虫前足第 1 跗节形状多变，但不扁平，鞘翅黑色，边缘（除基缘）棕黄色；体小，6.0~8.5 mm；雄虫前足胫节 1 个端距。
生物学特性：未见报道。

内蒙古牙克石　焦边豆芫菁（2023 年 7 月 20 日）

内蒙古牙克石　焦边豆芫菁（2023 年 7 月 20 日）

大头豆芫菁 *Epicauta megalocephala* (Gebler)

分类地位：鞘翅目 Coleoptera，芫菁科 Meloidae。

分布范围：北京、陕西、宁夏、甘肃、青海、新疆、内蒙古、黑龙江、吉林、辽宁、河北、山西、河南、安徽、四川；朝鲜半岛，俄罗斯，蒙古，哈萨克斯坦。

形态特征：体长 10.5~12.8 mm。体黑色，被白毛，有时额中央具红斑。触角丝状，约为体长的 1/2，第 1 节短于第 3 节，第 2 节约为第 3 节长的 1/2，稍短于第 4 节。前胸背板长与宽相近，中央具纵沟。鞘翅向端部稍扩展，侧缘的白毛带明显。足跗节具 2 个爪、细长，（从基部）分 2 支。

生物学特性：成虫可取食多种植物（如苜蓿、大豆等）。

内蒙古科尔沁右翼中旗　大头豆芫菁（2021 年 7 月 8 日）

内蒙古锡林浩特　大头豆芫菁（2022 年 7 月 19 日）

内蒙古锡林浩特　大头豆芫菁（2022 年 7 月 19 日）

内蒙古锡林浩特　大头豆芫菁（2022 年 7 月 12 日）

内蒙古锡林浩特　大头豆芫菁（2022 年 6 月 29 日）

内蒙古锡林浩特　大头豆芫菁（2022 年 6 月 29 日）

内蒙古锡林浩特　大头豆芫菁（2022 年 6 月 29 日）

红头豆芫菁 *Epicauta ruficeps* Illiger

分类地位：鞘翅目 Coleoptera，芫菁科 Meloidae。

分布范围：四川、云南、内蒙古、贵州、安徽、湖北、湖南、江西、广西、福建；苏门答腊岛，加里曼丹岛，爪哇，印度，马六甲州。

形态特征：头红色，刻点细密，中央纵沟与头同色，触角基部具1对光滑的“瘤”、与头同色，雄虫的“瘤”较大而明显；下颚须各节被黑色长毛；触角细长，雄虫触角超过体长的1/2，除末端2、3节外，各节外侧具黑色长毛；雌虫触角约达体长的1/2，无长毛，第3、4节两侧平行，第5节长为宽的3倍。前胸背板长宽略等，中央具1纵沟，后端中央具1个三角形凹陷。鞘翅基部略窄于端部，长度盖过腹端，翅缝端部合拢。雄虫前足胫节具1个内端距，细而尖，外侧密布黑色长毛，后足胫节2个端距较短，内端距细而尖，外端距宽而钝；雌虫前足胫节外侧无长毛。体背、腹面完全被黑毛，仅前足腿节和胫节内侧被灰白毛。

生物学特性：为害泡桐、瓜类、豆类等。

内蒙古锡林郭勒　红头豆芫菁（2013年8月8日）

内蒙古锡林郭勒　红头豆芫菁（2013年8月8日）

西北豆芫菁 *Epicauta sibirica* (Pallas)

分类地位： 鞘翅目 Coleoptera，芫菁科 Meloidae。

分布范围： 华北、东北、西北、山东、江苏、安徽、浙江、台湾、河南、江西、广东、海南、西南；俄罗斯，蒙古，朝鲜半岛，日本，中亚。

形态特征： 体长 11.0~20.0 mm；黑色，额中央及两后颊红色。雄虫触角第 4~9 节扁，向一侧展宽，第 4 节宽为长的 1.5~4 倍，第 6 节最宽；雌虫触角略扁，第 4~9 节不展宽。前胸背板中央具 1 条明显纵沟，基部中央 1 个凹陷。鞘翅侧缘和端缘有时被灰白色毛列。雄虫前足第 1 跗节侧扁，基部细，端部膨阔，斧状；雌虫前足第 1 跗节正常柱状。

生物学特性： 幼虫取食蝗总科昆虫卵，成虫取食桐属植物以及豆类、甜菜、马铃薯、玉米、南瓜、向日葵、苜蓿、黄芪、野豌豆等。

内蒙古锡林浩特　西北豆芫菁（2022 年 7 月 12 日）

内蒙古科尔沁右翼中旗　西北豆芫菁（2021 年 7 月 9 日）

内蒙古锡林浩特　西北豆芫菁（2021 年 6 月 18 日）

内蒙古科尔沁右翼中旗　西北豆芫菁（2022 年 7 月 14 日）

内蒙古科尔沁右翼中旗　西北豆芫菁（2021 年 6 月 28 日）

内蒙古锡林浩特　西北豆芫菁（2021 年 6 月 17 日）

内蒙古锡林浩特　西北豆芫菁（2021 年 6 月 18 日）

内蒙古锡林浩特　西北豆芫菁（2021 年 6 月 18 日）

绿芫菁 *Lytta caraganae* (Pallas)

分类地位： 鞘翅目 Coleoptera，芫菁科 Meloidae。

分布范围： 华中以北地区。

形态特征： 体长 11.0 ~ 21.0 mm，宽 3.0 ~ 6.0 mm。绿芫菁全身绿色，有紫色金属光泽，有些个体鞘翅有金绿色光泽；额前部中央有 1 个橘红色小斑纹；触角念珠状；鞘翅具皱状刻点，凸凹不平。

生物学特性： 1 年发生 1 代，以假蛹在土中越冬。翌年蜕皮化蛹，成虫早晨群集在枝梢上食叶为害，成虫和幼虫均取食植物叶片。在草原中主要为害锦鸡儿、荆条、紫穗槐以及各种草本植物。

内蒙古锡林浩特　绿芫菁（2022 年 6 月 19 日）

内蒙古锡林浩特　绿芫菁（2022 年 6 月 19 日）

内蒙古锡林浩特　绿芫菁（2022 年 6 月 19 日）

内蒙古锡林浩特　绿芫菁（2022 年 6 月 19 日）

内蒙古锡林浩特　绿芫菁（2022 年 6 月 19 日）

内蒙古科尔沁右翼中旗　绿芫菁（2021 年 7 月 9 日）

内蒙古科尔沁右翼中旗　绿芫菁（2021 年 7 月 9 日）

内蒙古锡林浩特　绿芫菁（2022 年 6 月 19 日）

内蒙古科尔沁右翼中旗　绿芫菁（2021 年 7 月 9 日）

四星栉芫菁 *Megatrachelus politus* (Gebler)

分类地位：鞘翅目 Coleoptera，芫菁科 Meloidae。

分布范围：内蒙古、陕西；朝鲜，日本，西伯利亚。

形态特征：体型较扁平，黑色光亮，被稀疏白色长毛。头黑色，略呈方形，刻点粗密，下方被白色长毛；额中央具 1 个光滑圆形的隆突，其后方有 1 对凹陷，小而浅；复眼褐色较大；下颚须末节端部膨大，与上颚同色，均为暗褐色。触角丝状，细长，第 1、2 节光亮，被白色长毛，其余各节被毛短而密。前胸背板长大于宽，两侧平行，前方 1/2 处向前变窄；表面凹凸不平，刻点粗大稀疏，近基部呈 1 条浅而宽的横向沟，近端部为 1 对凹洼，小而浅，端部具 1 条褐色条带，中央具 1 凹陷。小盾片舌形，黑色，自基部向端部变宽、后端 1/2 两侧平行，端钝，中央具 1 条纵沟。鞘翅淡黄色至橙黄色，翅肩突，表面皱纹状，无毛；每个鞘翅在近基部和端部各具 1 个小黑圆斑，长度盖过腹端；外侧隆边窄而明显。足细长黑色，腿节略呈棕色，前足腿节、后胸腹板及腹部腹板被白色长毛。前足胫节无端距，跗节第 1 节变宽，较扁，呈刀片状；后足胫节外端距较粗，端钝，内端距细尖。2 爪片黄色，内爪片具 1 列锯齿，齿长。

生物学特性：未见报道。

内蒙古锡林浩特　四星栉芫菁（2022 年 7 月 20 日）

内蒙古锡林浩特　四星栉芫菁（2022 年 7 月 20 日）

内蒙古锡林浩特　四星栉芫菁（2021 年 8 月 3 日）

内蒙古锡林浩特　四星栉芫菁（2022 年 7 月 20 日）

内蒙古锡林浩特　四星栉芫菁（2022 年 8 月 9 日）

内蒙古锡林浩特　四星栉芫菁（2022 年 8 月 9 日）

毛斑短翅芫菁 *Meloe centripubens* Reitter

分类地位：鞘翅目 Coleoptera，芫菁科 Meloidae。

分布范围：内蒙古、新疆；蒙古。

形态特征：体长 14.0~19.5 mm，前胸背板宽 3.5~4.5 mm。唇基前缘黄褐色、两端各有 1 条横向凹陷且对称；前胸背板中部有 1 个菱形黄色毛斑；腹部背面各节中部有 1 对黄色毛斑，腹面各节近侧缘两侧各有 1 个黄色毛斑且对称着生。

生物学特性：未见报道。

内蒙古锡林浩特　毛斑短翅芫菁（2021 年 5 月 16 日）

内蒙古锡林浩特　毛斑短翅芫菁（2021 年 5 月 16 日）

内蒙古锡林浩特　毛斑短翅芫菁（2021 年 4 月 25 日）

内蒙古锡林浩特　毛斑短翅芫菁（2021 年 4 月 25 日）

圆点斑芫菁 *Mylabris aulica* Ménétriés

分类地位：鞘翅目 Coleoptera，芫菁科 Meloidae。

分布范围：华北、东北、西北、山东、江苏、河南、湖北、四川；俄罗斯，蒙古，中亚。

形态特征：体长 10.0~22.0 mm；黑色，密布刻点和黑毛。额通常具 2 个红圆斑；触角短，末节侧扁，卵圆形，顶端钝圆。长宽比小于 2 ∶ 1。前胸背板长大于宽，中部最宽，中央 1 个圆凹，近基部和近端部中央各具 1 个圆凹。鞘翅黄色，近基部和近端部各具 2 个黑圆斑，中部具 1 条黑横纹。雄虫前足胫节外侧被短毛，雌虫前足胫节外侧被黑色长毛。

生物学特性：幼虫取食蝗总科昆虫卵，成虫取食菊科植物的花。

内蒙古锡林浩特　圆点斑芫菁（2022 年 7 月 13 日）

内蒙古锡林浩特　圆点斑芫菁（2022 年 7 月 13 日）

内蒙古锡林浩特　圆点斑芫菁（2022 年 7 月 13 日）

内蒙古锡林浩特　圆点斑芫菁（2022 年 7 月 13 日）

内蒙古锡林浩特　圆点斑芫菁（2022 年 7 月 13 日）

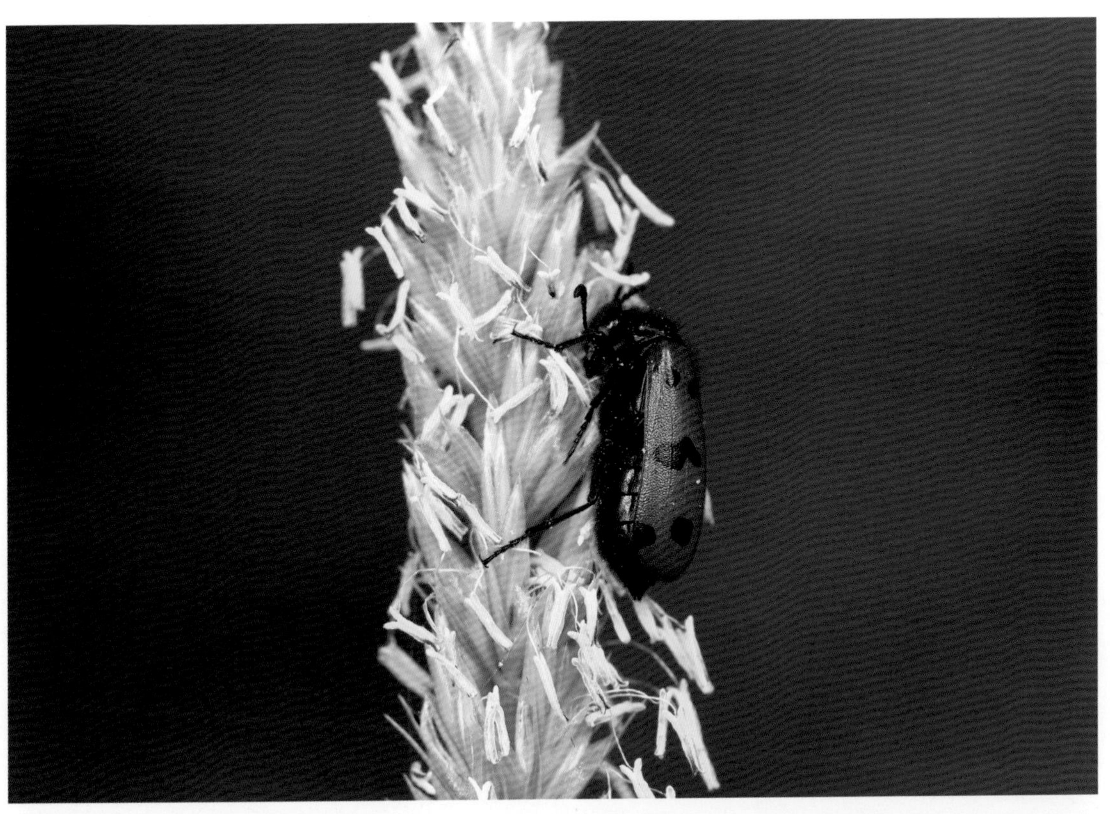

内蒙古锡林浩特　圆点斑芫菁（2022 年 6 月 26 日）

内蒙古锡林浩特　圆点斑芫菁（2022 年 6 月 29 日）

内蒙古锡林浩特　圆点斑芫菁（2021 年 5 月 26 日）

内蒙古锡林浩特　圆点斑芫菁（2021 年 6 月 11 日）

内蒙古锡林浩特　圆点斑芫菁（2022 年 6 月 26 日）

蒙古斑芫菁 *Mylabris mongolica* (Dokhturoff)

分类地位： 鞘翅目 Coleoptera，芫菁科 Meloidae。

分布范围： 宁夏、河北、内蒙古、河南、陕西、甘肃、新疆；蒙古。

形态特征： 体长 9.0~21.5 mm，宽 2.1~5.3 mm。黑色，具蓝绿色金属光泽；密布粗大浅刻点；体被黑毛，雄虫胸部、腹部腹板杂有少量淡色短毛；鞘翅通常基部和端部红色，中部黄色，有时全黄色，具黑斑。唇基中基部疏布粗大浅刻点，被黑短毛；额中央具近圆形红斑和细纵沟；上唇前缘直，中部具刻点和黑短毛；触角向后伸达鞘翅肩部，雌虫仅达前胸背板基部。前胸背板近五边形，长宽近相等，基半部两侧近平行，端部收缩；中部具圆凹，基部中叶具椭圆形凹。鞘翅密布黑短毛，缘斑近方形。第 5 腹板基部弧凹，雌虫直；第 9 背板近矩形，基部微凹，端部被毛。

生物学特性： 幼虫捕食蝗卵；成虫取食菊科植物的花。

内蒙古锡林浩特　蒙古斑芫菁（2021 年 6 月 9 日）

内蒙古锡林浩特　蒙古斑芫菁（2022 年 6 月 19 日）

内蒙古锡林浩特　蒙古斑芫菁（2022 年 6 月 19 日）

内蒙古锡林浩特　蒙古斑芫菁（2022 年 6 月 19 日）

内蒙古锡林浩特　蒙古斑芫菁（2022 年 6 月 19 日）

内蒙古锡林浩特　蒙古斑芫菁（2022 年 6 月 26 日）

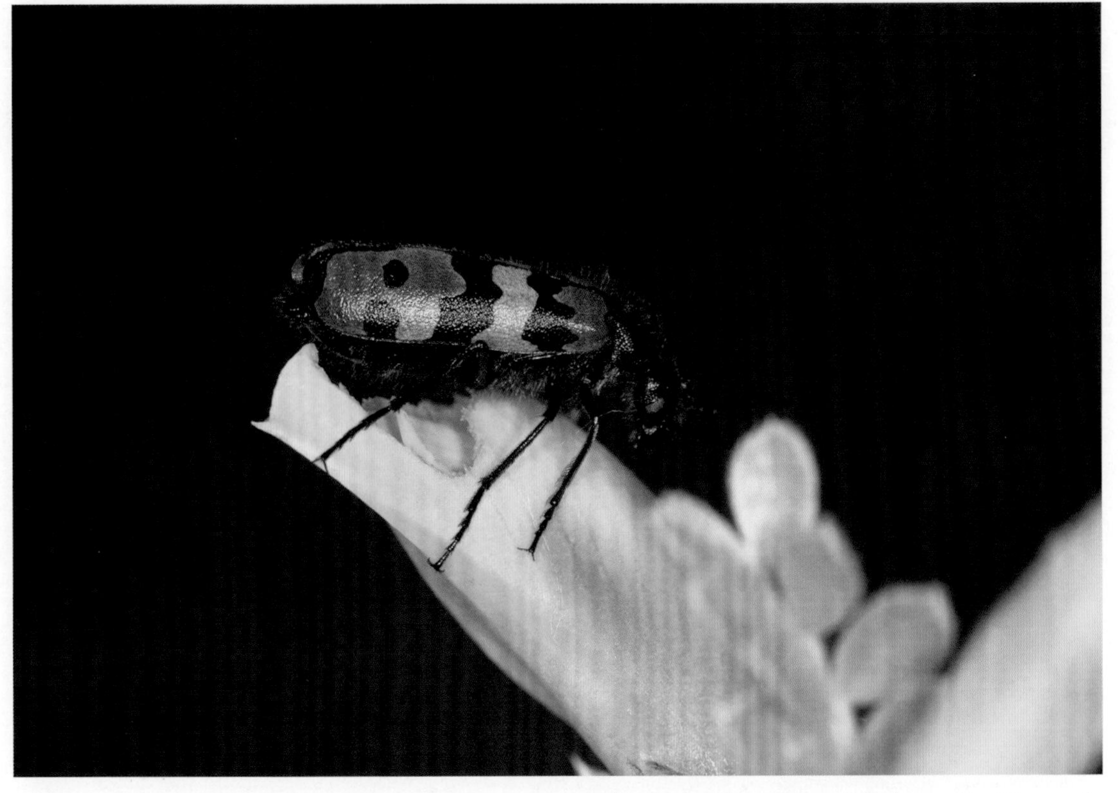

内蒙古锡林浩特　蒙古斑芫菁（2021 年 5 月 26 日）

内蒙古锡林浩特　蒙古斑芫菁（2022 年 6 月 26 日）

内蒙古锡林浩特　蒙古斑芫菁（2022 年 6 月 26 日）

内蒙古锡林浩特　蒙古斑芫菁（2022 年 6 月 26 日）

西北斑芫菁 *Mylabris sibirica* Fischer von Waldheim

分类地位：鞘翅目 Coleoptera，芫菁科 Meloidae。

分布范围：宁夏、河北、内蒙古、甘肃、新疆；中亚，欧洲。

形态特征：体长 7.5~15.5 mm，宽 1.8~4.3 mm。黑亮。唇基中基部疏布粗大浅刻点，被黑色长毛；额微凹，中间有不明显纵脊，前端两侧各有红色小圆斑；上唇前缘直，刻点细小，被毛较唇基短；触角向后伸达鞘翅肩部，雌虫仅达前胸背板基部。前胸背板长宽近相等，基部 1/4 处最宽，向端部和基部渐收缩；沿中线有圆凹，基部中叶有椭圆形凹。鞘翅密布黑长毛，斑纹多变，有时端斑中央深凹，少数与苹斑芫菁 *Mylabris calida* 的斑纹相似。第 5 腹板基部弧凹，雌虫直；第 9 背板近倒梯形，基部弧凹，后角被毛。雄虫前胫节下侧密布淡黄色短毛，雌虫前胫节外缘被黑色长毛；跗爪背叶下侧无齿。

生物学特性：幼虫捕食蝗卵；成虫取食甜菜、马铃薯、大豆、油茶、菜豆、桐属植物等。

内蒙古锡林浩特　西北斑芫菁（2021 年 5 月 19 日）

内蒙古锡林浩特　西北斑芫菁（2021 年 5 月 19 日）

小斑芫菁 *Mylabris splendidula* (Pallas)

分类地位：鞘翅目 Coleoptera，芫菁科 Meloidae。

分布范围：宁夏、河北、山西、内蒙古、广西、陕西、甘肃、新疆；蒙古，俄罗斯，吉尔吉斯斯坦，哈萨克斯坦。

形态特征：体长 7.5~12.5 mm，宽 2.3~3.6 mm。体黑色，具蓝绿色金属光泽。唇基密布粗大浅刻点及黑色毛；额微凹，刻点不均匀，无红斑；上前缘微凹，背面平坦无凹，几无刻点，被毛短；触角向后伸达鞘翅基部，雌虫较短。前胸背板中部最宽，向端部和基部渐收缩；盘区中央和近基部各具 1 个不明显浅凹。鞘翅密布黑色短毛和褶皱，具黄斑，基部和中部各具 1 个侧斑，近端部有 1 条横纹，基斑和中斑有时相连，无腋斑。第 5 腹板基部弧凹，雌虫直；第 9 背板倒梯形，基部直，端部被毛。雄虫前胫节下侧密布淡色短毛，雌虫前胫节外缘具长毛。

生物学特性：幼虫捕食蝗虫卵，成虫取食马铃薯、豆类等。

内蒙古锡林浩特　小斑芫菁（2021 年 5 月 19 日）

福尔带芫菁 *Zonitis fortuccii* Fairmaire

分类地位：鞘翅目 Coleoptera，芫菁科 Meloidae。

分布范围：内蒙古、辽宁、北京、河北、上海；蒙古。

形态特征：体小型，通常小于 20.0 mm；体色多变。头近三角形，后颊突出。复眼小，于头腹至多达下颚侧缘。下颚外颚叶略长，不长于下颚须，形状多变；下颚须短于触角，末节顶端不膨大。触角近丝状。前胸背板形状多变，密布刻点。鞘翅正常，不缩小，顶端亦不彼此分离，不具侧缘；通常具后翅；后足胫节内、外端距形状、长短相似，胸部黑色；腹部黑色，倒数第 3 节可见腹节黄色，倒数第 4 节腹板端部有时黄色；触角第 1 节黑色；腿节和胫节黑色。

生物学特性：未见报道。

内蒙古科尔沁右翼中旗　福尔带芫菁（2021 年 7 月 5 日）

内蒙古科尔沁右翼中旗　福尔带芫菁（2021 年 7 月 4 日）

内蒙古科尔沁右翼中旗　福尔带芫菁（2021 年 7 月 5 日）

拟天牛科 Oedemeridae

黑跗拟天牛 *Oedemera subrobusta* (Nakane)

分类地位：鞘翅目 Coleoptera，拟天牛科 Oedemeridae。

分布范围：宁夏、湖北、四川、陕西、甘肃、青海；蒙古，俄罗斯，朝鲜，日本，土库曼斯坦，哈萨克斯坦，欧洲。

形态特征：体长 5.7~9.4 mm。暗绿橄榄色至灰蓝绿色。头不延长，长宽近相等；唇基梯形，前缘直，两边向前变窄；基沟明显；额平坦，具细皱纹及稀疏黄色细软毛；下颚须端节近四边形，端部圆；眼小，拱起，为头部的最宽处，眼间距小于触角窝间距；触角线状，长度超过鞘翅的 1/2。前背板心形，前缘向前突，无毛及无饰边；基部中叶微凹，略波弯；前角、后角钝圆；前背板窝发达，中纵脊稍发达至缺失；盘区皱纹和刻点像头部。小盾片三角形，被毛。向端部变窄，侧缘有轻微的弯凹；肋发达，肩下肋与侧缘融合，小盾片肋长达长的 1/3；盘上有稀疏黄色细软毛及细皱纹，端部刻点稠密。腹部肛节部凹，第 8 腹板突可见。足细长，爪简单。

生物学特性：取食小麦、苜蓿、瓜类、麻、大豆、花生、高粱、谷、糜、草籽、仓库碎粮。

内蒙古科尔沁右翼中旗　黑跗拟天牛（2021 年 6 月 30 日）

拟步甲科 Tenebrionidae

皱纹琵甲 *Blaps rugosa* Gebler

分类地位：鞘翅目 Coleoptera，拟步甲科 Tenebrionidae。

分布范围：宁夏、河北、山西、内蒙古、辽宁、吉林、陕西、甘肃、新疆；蒙古，俄罗斯。

形态特征：体长 15.0~22.0 mm，宽 7.5~10.0 mm。宽卵形；黑色，具光泽。头顶中央隆起，粗刻点圆而稠密；触角粗短，向后伸达前胸背板中部。前胸背板近方形，前缘弧凹，饰边宽断；侧缘端部 1/4 处略收缩，中基部近平行，具完整细饰边；基部中叶直，两侧弱弯，无饰边；前角圆直角形，后角略后伸；盘区端部略向下倾，中部略隆起，基部扁平，刻点圆而稠密。小盾片直三角形，被黄白色密毛。翅卵形，侧缘长弧形，饰边由背观不全见；盘区圆拱，横皱纹短且明显，两侧及端部布稠密小颗粒；翅尾短，雌虫不明显；假缘折具稀疏细纹和刻点。腹部光亮，第 1~3 腹板中部横纹明显，两侧浅纵纹稠密，端部 2 节具稠密刻点和细短毛，第 1、第 2 腹板间具红色毛刷。前胫节直，端部外侧略扩展，端距尖或钝；中、后胫节具稠密刺状毛；后足第 1 跗节不对称。

生物学特性：取食针茅草、沙蒿、柠条、作物和腐烂动植物等。

内蒙古锡林浩特　皱纹琵甲（2021 年 5 月 1 日）

内蒙古锡林浩特　皱纹琵甲（2022 年 6 月 26 日）

内蒙古锡林浩特　皱纹琵甲（2021 年 5 月 1 日）

内蒙古锡林浩特　皱纹琵甲（2022 年 6 月 21 日）

内蒙古锡林浩特　皱纹琵甲（2022 年 6 月 21 日）

隐甲 *Crypticus* sp.

分类地位：鞘翅目 Coleoptera，拟步甲科 Tenebrionidae。

分布范围：内蒙古、西北地区等；欧洲，中亚西部和东部，北非，西亚，北美洲东南部。

形态特征：头小，近于半圆形。上唇短小，在唇基下面稍向上突出；触角细长，其端部达到前胸基部。前胸背板扁长方形，两侧圆形，中部之后最宽，后缘近于直，前缘较窄。鞘翅刻点几乎不成行。后足基节斜生。

生物学特性：未见报道。

内蒙古锡林浩特　隐甲（2022 年 7 月 13 日）

网目土甲 *Gonocephalum reticulatum* Motschulsky

分类地位：鞘翅目 Coleoptera，拟步甲科 Tenebrionidae。

分布范围：北京、陕西、甘肃、宁夏、内蒙古、黑龙江、吉林、辽宁、河北、山西；朝鲜半岛，蒙古，俄罗斯。

形态特征：体长 4.5~7.0 mm。体锈褐色至黑褐色。唇基前缘宽内凹。前胸背板前缘浅凹，前角宽锐角形，后角直角形，前缘约 1/3 处中央两侧具 1 对黑色瘤突。鞘翅两侧平行，表面具细刻点行，行间具 2 列不规则黄毛列。

生物学特性：1 年 1 代，以成虫在土下越冬。幼虫生活在地下，取食种子和嫩根、茎，食性广，如苹果、梨、小麦、苜蓿、甜菜、玉米、向日葵等；成虫在地面活动，取食植物的嫩茎，具趋光性。

内蒙古锡林浩特　网目土甲（2021 年 4 月 23 日）

内蒙古锡林浩特　网目土甲（2021 年 4 月 23 日）

内蒙古锡林浩特　网目土甲（2023 年 4 月 21 日）

黑胸伪叶甲 *Lagria nigricollis* Hope

分类地位：鞘翅目 Coleoptera，拟步甲科 Tenebrionidae。

分布范围：北京、陕西、青海、宁夏、新疆、黑龙江、吉林、辽宁、河北、山西、河南、浙江、安徽、江西、福建、湖北、湖南、四川、重庆、贵州；日本，朝鲜半岛，俄罗斯。

形态特征：体长 6.0~8.8 mm。体黑色或黑褐色，鞘翅褐色，具较强光泽。雄虫复眼较小，眼间距为复眼横径的 1.5 倍；触角端节略弯曲，约等于或稍短于前 5 节长之和。雌虫复眼小，眼间距为复眼横径的 3 倍；触角末节等于或稍短于前 3 节长度之和。

生物学特性：取食榆、月季、苎麻、油茶、桑、玉米、小麦、柳等植物；成虫具趋光性。

内蒙古锡林浩特　黑胸伪叶甲（2022 年 7 月 8 日）

内蒙古锡林浩特　黑胸伪叶甲（2022 年 7 月 8 日）

异点栉甲 *Cteniopinus diversipunctatus* Yu & Ren

分类地位：鞘翅目 Coleoptera，拟步甲科 Tenebrionidae。

分布范围：宁夏、内蒙古。

形态特征：体长约 10.0 mm。黄色，密布黄毛；后头、触角、胫节端距、下颚须端部及前胸背板端部和基部的边浅棕色，上颚浅黑色。上唇和唇基的刻点较额上稀大，唇基沟深；触角向后伸达鞘翅长的 3/4 处。前胸背板侧缘从基部到中部略缩窄，近基部 1/2 侧边明显；基部弯曲、中部突出。鞘翅肩部略较前胸基部宽，侧缘平行，基部圆缩；刻点沟深而规则，刻点密，行间弱凹。第 4 腹板基部宽凹，第 5 腹板具浅而清晰的三角形凹陷，基部有深的宽凹，第 6 腹板凹陷深。

生物学特性：未见报道。

内蒙古科尔沁右翼中旗　异点栉甲（2021 年 6 月 30 日）

类沙土甲 *Opatrum subaratum* Faldermann

分类地位： 鞘翅目 Coleoptera，拟步甲科 Tenebrionidae。

分布范围： 北京、陕西、甘肃、青海、宁夏、新疆、内蒙古、黑龙江、吉林、辽宁、河北、山西、河南、山东、安徽、江西、台湾、湖北、湖南、四川、贵州；蒙古，俄罗斯，哈萨克斯坦。

形态特征： 体长 6.5~9.0 mm。体锈褐色至黑色。唇基前缘中央稍内凹。前胸背板前角钝圆，后角直角形。鞘翅具明显的行列，略隆起，行间具 5~8 个明显的瘤突。后翅退化，不能飞行。

生物学特性： 成虫假死性特强。寿命较长，最长的能跨越 4 个年度，部分成虫能进行孤雌生殖。在北方 1 年 1 代，以成虫越冬，越冬成虫于次年初春开始活动，4~6 月交尾产卵，幼虫期短，老熟幼虫当年 6 月上旬至 10 月上旬化蛹，羽化成虫当年不交尾产卵。

内蒙古锡林浩特　类沙土甲（2023 年 4 月 30 日）

内蒙古锡林浩特　类沙土甲（2023 年 4 月 30 日）

宁夏银川　类沙土甲（2024 年 3 月 27 日）

宁夏银川　类沙土甲（2024 年 3 月 27 日）

宁夏银川　类沙土甲（2022 年 4 月 12 日）

内蒙古锡林浩特　类沙土甲（2021 年 4 月 23 日）

帕朽木甲 *Paracistela* sp.

分类地位：鞘翅目 Coleoptera，拟步甲科 Tenebrionidae。

分布范围：海南、西藏、云南、广西、江西、湖北；印度，日本，老挝。

形态特征：体中型至大型，体形近卵圆形，微具光泽，通常密被毛。头部较长；上唇和唇基狭长；复眼前缘强烈内凹，眼间距宽或窄；下颚须狭长，倒数第 2 节最短，末节窄刀形；触角线状，第 2 节最短，第 3 节最长，第 4~11 节渐短。前胸背板横宽，近半圆形，基部最宽。鞘翅近长椭圆形，最宽处近中部，刻点行细但明显，行间扁平。足狭长，腿节扁宽，胫节狭长，跗节简单、不具叶瓣。

生物学特性：未见报道。

西藏林芝　帕朽木甲（2018 年 7 月 18 日）

普氏漠王 *Platyope pointi* Schuster & Reymond

分类地位：鞘翅目 Coleoptera，拟步甲科 Tenebrionidae。

分布范围：内蒙古。

形态特征：体黑色，头部欠光泽。头不狭于前胸，头顶扁平，眼不太突出，稍靠后；盘区浅凹，额中线不隆起；颏近圆形，前缘中部浅三角形缺刻，具小刻点和长毛；触角细，达前胸背板后缘，第 1 节长于第 2 节，第 3 节最长。前胸背板横宽，宽约 2 倍于长，密布粗粒突，前后缘平直，前角尖，向前伸，侧棱不明显，盘区浅凹，盘区的粒突大小混杂，后角直角形，后缘基部有明显的短沟，两侧各具 1 个横阔凹陷；小盾片扇形。鞘翅长卵形，宽于前胸背板，长约为宽的 1.4 倍；每翅具 3 条黄色毛带；缘折弯曲，被黄色伏毛，毛带间有 1 条由小粒突连成的黑脊；腹部密被黄色伏毛，稀被褐色刺状毛。足被黄色伏毛，前足跗节前 4 节短，之和约等于第 5 节长，前足胫节宽扁，末端宽三角形，外缘具齿突；中、后足跗节扁，两侧具刺状毛，胫节密被刺状毛和白色伏毛，后足腿节弧弯。

生物学特性：未见报道。

内蒙古锡林浩特　普氏漠王（2023 年 4 月 30 日）

内蒙古锡林浩特　普氏漠王（2023 年 5 月 9 日）

内蒙古锡林浩特　普氏漠王（2023 年 4 月 30 日）

内蒙古锡林浩特　普氏漠王（2023 年 5 月 9 日）

粗背伪坚土甲 *Scleropatrum horridum* Reitter

分类地位：鞘翅目 Coleoptera，拟步甲科 Tenebrionidae。

分布范围：山西、内蒙古、甘肃、新疆、宁夏。

形态特征：体长 11.0~13.0 mm；宽 5.4~6.7 mm。体黑色，无光泽，口须及跗节略带红色。唇基沟宽凹，沟前刻点皱纹状并略带网格状，沟后被独立的具毛小粒点；头顶中央隆起，眼褶高，其内侧有凹沟；前颊宽圆，向唇基弯成 2 弯状，颊和唇基之间有小缺刻。触角向后长达前胸背板中后部。前胸背板宽大于长的 1.8 倍；前缘圆弧形深凹并具饰边，仅两侧有毛列；侧缘在中后部最宽，向前较急剧地收缩，后角之前强烈收缩；前角尖，后角宽钝角形；背面较平坦，两侧有向上倾斜的宽边，其内侧宽凹；盘区有很不规则的短脊状具毛突起，有时排列成斜皱纹，侧区的颗粒独立并在侧沟以外消失。鞘翅长大于宽的 1.43 倍，翅上 9 条脊，各脊由彼此独立的颗粒组成，颗粒直立，顶钝；奇数行较高，其基部更粗且不规则，偶数行较细并在基部中断。前足胫节弱弯，由基部向端部略变宽，外缘有细齿。

生物学特性：未见报道。

宁夏贺兰山　粗背伪坚土甲（2021 年 9 月 12 日）

宁夏贺兰山　粗背伪坚土甲（2021 年 9 月 12 日）

谢氏宽漠甲 *Sternoplax szechenyi* Frivaldszky

分类地位：鞘翅目 Coleoptera，拟步甲科 Tenebrionidae。

分布范围：宁夏、甘肃、新疆。

形态特征：体长 14.0~21.0 mm。长圆形；黑色，近于无光泽。头部中央粒点稀疏，后面有稠密小颗粒；上唇横阔，密布刻点，前缘中凹并密布红毛；触角细长，黑色，末端 3 节红色。前胸背板两侧中部之前逐渐变圆，基部中央略凹；前角尖突，后角钝角形；盘略凸，中线较明显，有大粒点，两侧的较突起和密。鞘翅基部两侧略弯，末端陡坡状；连同翅缝共有 3 条脊，近端部渐消失，中间 2 条脊分隔成扁平发光的小段，后端分离为颗粒；第 3 条脊以外的侧脊不发达；脊间有稀疏小颗粒，中间有 1 行小突起；假缘折有稀疏小粒。腹面密布粒点及灰色短毛；中胸腹突后面突起，无明显毛发。前胫节向端部变宽，外侧边尖锐，端部有红色长毛。

生物学特性：未见报道。

新疆吐鲁番　谢氏宽漠甲（2006 年 7 月 5 日）

紫奇扁漠甲 *Sternotrigon zichyi* (Csiki)

分类地位：鞘翅目 Coleoptera，拟步甲科 Tenebrionidae。

分布范围：内蒙古、宁夏、甘肃；蒙古。

形态特征：体长 16.5~18.5 mm，宽 7.5~8.5 mm。体宽卵形，黑色，稍光亮；背面颗粒具短刺毛。上唇近方形，前缘微弧凹；前颊弱弧形，较眼窄；后颊在眼后近平行；额上稀疏的小颗粒具刺毛，两侧及后头具稠密棕黄色短毛。触角粗壮。前胸背板较窄，近方形，宽为长的 1.47 倍；前缘弧凹，粗饰边完整；侧缘弱弧形，端 1/4 最宽，细饰边背面不可见；基部近于直，饰边粗；前角尖锐前伸，后角圆钝角形；鞘翅宽卵形，长为宽的 1.4 倍，宽为前胸背板的 1.5 倍；基部近于直，肩直角形，稍前伸；侧缘弱弧形，肩颗粒列长达翅坡，背面仅间中前部，列上颗粒细小稠密；翅背稍拱，具 1 边颗粒列，列上颗粒稠密且向后渐小；边列外侧仅附近颗粒较大，其余颗粒细小，内侧均匀的颗粒向翅缝渐消失。各腿节具稠密扁平颗粒，胫节具稍稀疏颗粒和刺毛。

生物学特性：未见报道。

宁夏中卫　紫奇扁漠甲（2021 年 8 月 1 日）

宁夏中卫　紫奇扁漠甲（2021 年 8 月 1 日）

长蠹总科 Bostrichoidea　皮蠹科 Dermestidae

白背皮蠹 *Dermestes dimidiatus* Steven

分类地位：鞘翅目 Coleoptera，皮蠹科 Dermestidae。

分布范围：内蒙古、河北、黑龙江、西藏、甘肃、宁夏、青海、新疆；蒙古，俄罗斯，哈萨克斯坦，欧洲。

形态特征：体长 9.0~11.0 mm。头密生黑色及黄褐色毛，均向头的正中倒伏，黄褐色毛隐约成 5 个小斑；触角黑褐色。前胸背板及鞘翅基部约 1/4 处密生玫瑰色绒毛，绒毛褪色后常呈粉紫色或淡褐色；前胸背板背面中间有 1 对无绒毛的黑色眼状斑。鞘翅后大半段黑色，密布黑毛。中胸腹板密布白毛，两侧上角处各有 3 个黑斑。腹部腹板密布白毛，第 1 节除中部外，大部黑色；在黑色区中有 2 条弯曲的白毛纵纹，第 2~4 节两侧各有 1 个半圆形黑斑，第 5 节两侧各 1 个三角形黑斑，基部 1 个凹形大黑斑；雄虫第 3、第 4 节腹板中央各有 1 丛褐色毛簇。足黑褐色，密生黄褐色毛和刺。

生物学特性：取食兽骨、生皮张、干鱼等。

内蒙古锡林浩特　白背皮蠹（2023 年 4 月 21 日）

内蒙古锡林浩特　白背皮蠹（2023 年 4 月 21 日）

内蒙古锡林浩特　白背皮蠹（2023 年 4 月 21 日）

牙甲总科 Hydrophiloidea　沟背牙甲科 Helophoridae

多斑沟背牙甲 *Helophorus crinitus* Ganglbauer

分类地位：鞘翅目 Coleoptera，沟背牙甲科 Helophoridae。

分布范围：北京、陕西、青海、黑龙江、内蒙古、西藏；俄罗斯。

形态特征：体长 5.0~5.2 mm。体褐色，翅具黑褐色斑，有时斑纹可相连。上唇前缘圆突，唇基前缘平截；额都具浅“V”形横沟触角 9 节，第 1 节长，第 3~5 节细，均长大于宽，棒节 4 节。前胸背板被毛，中央两侧具纵向隆起，背板前缘隆起明显，盘区具粗大刻点，侧缘前大部圆突，近后角稍内凹。鞘翅在肩角后稍收缩，刻点列隔行具直立的长毛。

生物学特性：未见报道。

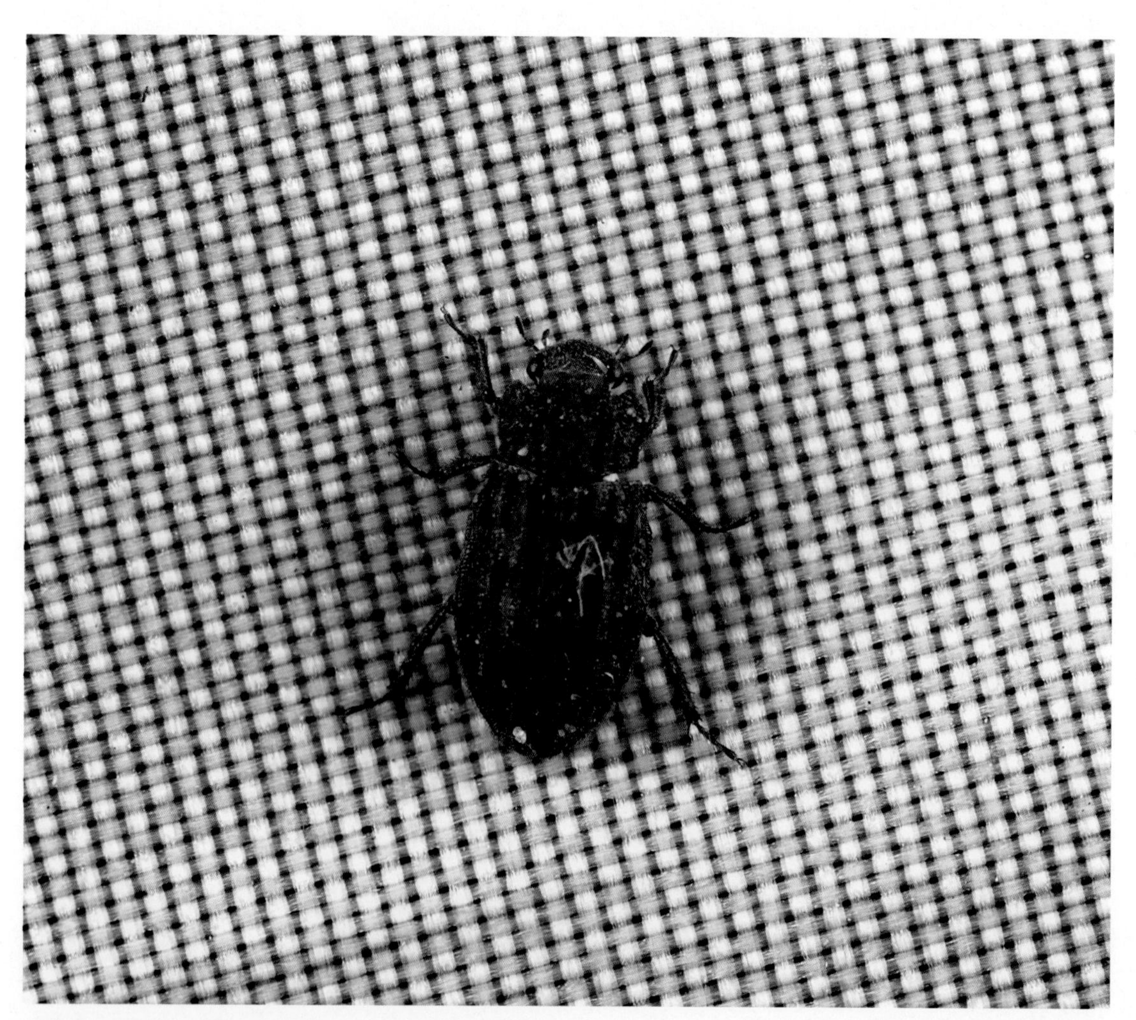

内蒙古锡林浩特　多斑沟背牙甲（2022 年 7 月 8 日）

扁甲总科 Cucujoidea　露尾甲科 Nitidulidae

弯露尾甲 *Neopallodes* sp.

分类地位：鞘翅目 Coleoptera，露尾甲科 Nitidulidae。
分布范围：内蒙古、云南、贵州、陕西、湖北、台湾；日本，俄罗斯，韩国，越南，印度，缅甸，尼泊尔等。
形态特征：后足基节之间的距离比前足基节和中足基节之间的距离宽；所有足的跗节都很简单；中胸侧板上缺少腋骨片；雄虫从截断的臀板末端下方露出肛区骨片。
生物学特性：未见报道。

内蒙古锡林浩特　弯露尾甲（2022 年 6 月 19 日）

内蒙古锡林浩特　弯露尾甲（2022 年 6 月 19 日）

内蒙古锡林浩特　弯露尾甲（2022 年 6 月 19 日）

叶甲总科 Chrysomeloidea　天牛科 Cerambycidae

天牛亚科 Cerambycinae

红缘亚天牛 *Anoplistes halodendri* (Pallas)

分类地位：鞘翅目 Coleoptera，天牛科 Cerambycidae。

分布范围：华北、东北、西北、华中、山东、江苏、浙江、台湾、贵州；俄罗斯，蒙古，朝鲜，中亚。

形态特征：体长 15.0~18.0 mm，宽 4.5~5.5 mm。体狭长，黑色，被灰白细长毛。触角细长，雄虫触角长约为体长的 2 倍，以第 11 节最长。雌虫触角近体长，以第 3 节最长；前胸背板侧刺突短钝，盘区刻点稠密，呈网状。足细长，后足第 1 跗节长于第 2、第 3 节之和；鞘翅狭长、两侧平行，末端圆钝。鞘翅基部有 1 对朱红三角斑，雌虫红斑近卵形。鞘翅侧缘有朱红色边带纹。

生物学特性：寄主为梨、枣、苹果、葡萄、小叶榆，成虫见于忍冬、锦鸡儿、柳等。

北京怀柔　红缘亚天牛（2020 年 6 月 25 日）

北京怀柔　红缘亚天牛（2022 年 6 月 18 日）

北京密云　红缘亚天牛　酸枣（2022 年 6 月 18 日）

北京怀柔　红缘亚天牛（2022 年 6 月 18 日）

槐绿虎天牛 ***Chlorophorus diadema* (Motschulsky)**

分类地位：鞘翅目 Coleoptera，天牛科 Cerambycidae。

分布范围：华北、东北、陕西、华东、台湾、华中、广东、广西、四川、贵州、云南；俄罗斯，蒙古，朝鲜半岛，日本。

形态特征：体长 8.0~12.0 mm。体棕褐色至棕黑色，头部和腹面被灰黄色绒毛。触角基瘤内侧角状突起，触角长达翅中部，第 3 节较柄节稍短。前胸背板长略胜于宽，略呈球状，密布粒状刻点，前后缘有灰黄色或灰白色绒毛；鞘翅基部靠小盾片沿内缘为 1 条向外弯斜的条斑，其外侧肩角下有 1 条纵斑。翅中部稍后有 1 条中缝加宽的横带；翅端 1 个横斑。后缘斜切外缘角较明显。

生物学特性：为害槐、刺槐、杨、柳、桦、泡桐、枣、山楂、石榴、樱桃、葡萄等。

内蒙古锡林浩特　槐绿虎天牛（2022 年 6 月 22 日）

内蒙古锡林浩特　槐绿虎天牛（2022 年 7 月 13 日）

内蒙古锡林浩特　槐绿虎天牛（2022 年 7 月 13 日）

内蒙古锡林浩特　槐绿虎天牛（2022 年 7 月 13 日）

内蒙古锡林浩特　槐绿虎天牛（2022 年 7 月 13 日）

内蒙古锡林浩特　槐绿虎天牛（2022 年 6 月 29 日）

江苏狭天牛 *Stenhomalus incongruus* Gressitt

分类地位：鞘翅目 Coleoptera，天牛科 Cerambycidae。

分布范围：陕西、内蒙古、北京、江苏、上海。

形态特征：体长 4.8~6.7 mm。头黑色，触角黑色，从第 3 节起各节基部浅褐色，前胸浅褐色，小盾片和鞘翅黑色，足浅褐色。触角长于体，基部 4 节下沿具显著的褐色缨毛，鞘翅末端圆。

生物学特性：未见报道。

内蒙古科尔沁右翼中旗　江苏狭天牛（2021 年 6 月 30 日）

土库曼天牛 *Turcmenigena warenzowi* Melgunov

分类地位：鞘翅目 Coleoptera，天牛科 Cerambycidae。

分布范围：新疆；土库曼斯坦。

形态特征：成虫体长 20.0~35.0 mm，全身呈均匀的栗褐色，覆盖着密集的短黄灰色毛发。雄虫前胸特别大。雌虫头部小而短，平坦或在触角间稍有凹陷，遍布刻点，有横置的唇基和触角与眼睛间狭窄的纵向裂缝。眼非常大。触角不超过鞘翅中部，触角节被小而平躺的纤毛和刚毛覆盖。第 1 触角节宽且显著长于其他节。第 2 触角节可能等于、长于或短于第 3 节。雄虫前胸比宽长，仅为鞘翅长的 2 倍；中间有浅色纵向线条，密集的刻点和几个深凹陷点。雌虫前胸小，长略大于宽，远比鞘翅窄；中间有浅色纵向线条。小盾片有刻点，有纵向线条或裂缝。鞘翅很少刻点，边缘平行，顶部圆滑。胸部、腹部、腿节和胫节有小而密集的刻点。雌虫腹部超出鞘翅，其末端从上方可见。

生物学特性：成虫在 7 月至 8 月间活动。以牧草的茎为食。幼虫在蒿属植物的茎干中发育。该种与黏土质和沙质的沙漠环境相关。在公园内，蒿属植物生长的地方普遍可见。它是一种常见于图兰 – 准噶尔地区的荒漠种类。

新疆阜康　土库曼天牛　梭梭（2006 年 7 月 4 日）

沟胫天牛亚科 Lamiinae

苜蓿多节天牛 *Agapanthia amurensis* Kraatz

分类地位：鞘翅目 Coleoptera，天牛科 Cerambycidae。

分布范围：华北、东北、西北、华东、华中、四川；俄罗斯，蒙古，朝鲜，日本。

形态特征：体长 14.0~21.0 mm。体金属深蓝色或紫蓝色，头、胸刻点粗深，每个刻点着生黑色长竖毛。触角长于体长，蓝黑色，自第 3 节起各节基部被淡色绒毛，第 1、第 3 节端具发达刷状黑簇毛，基部 6 节下缘有稀少细长缨毛；前胸背板长宽近相等，两侧中部稍膨大。足短，后腿不超过第 2 腹节末端；小盾片半圆形，鞘翅狭长，宽于前胸，两侧近于平行，翅端圆形。

生物学特性：寄主为苜蓿等。

内蒙古锡林浩特　苜蓿多节天牛（2022 年 6 月 19 日）

内蒙古锡林浩特　苜蓿多节天牛（2022年6月19日）

内蒙古锡林浩特　苜蓿多节天牛（2022年6月19日）

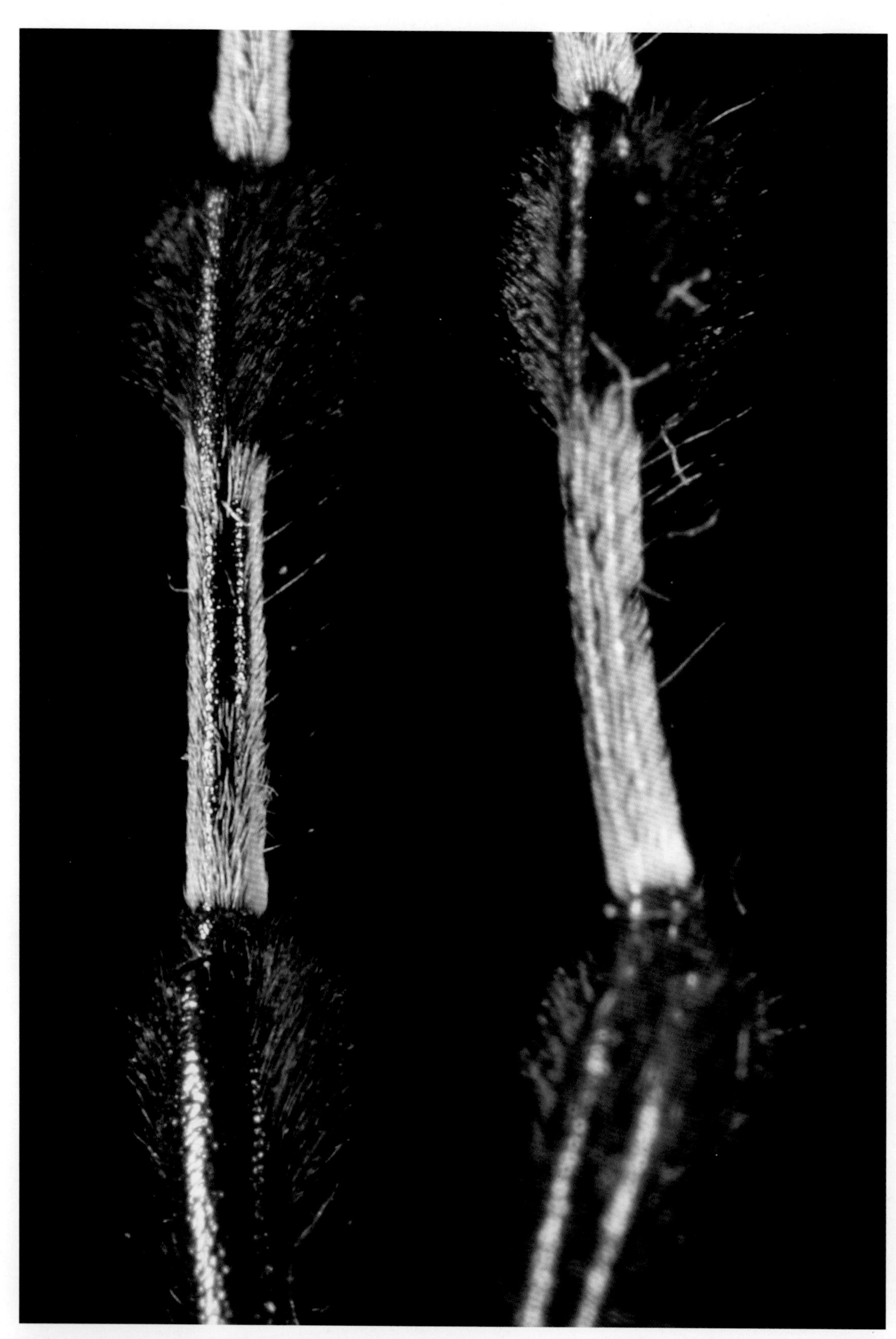

内蒙古锡林浩特　苜蓿多节天牛（2022 年 6 月 19 日）

红缝草天牛 *Eodorcadion chinganicum* (Suvorov)

分类地位：鞘翅目 Coleoptera，天牛科 Cerambycidae。

分布范围：辽宁、吉林、黑龙江、内蒙古、陕西、甘肃；蒙古。

形态特征：体长 15.0~19.0 mm，宽 6.0~8.0 mm。头、额红褐色，刻点密，覆白短毛，中纵沟明显，沟两侧突起；触角红褐色，柄节长于第 3 节，从第 3 节起，各节基部近 1/3 覆灰白色短毛。前胸背板深红褐色，宽略超过长，前缘微凸，后缘直，侧刺突尖朝上；胸面具前后横沟，中纵沟域宽深。小盾片宽三角形，两侧有白毛。前胸背板与鞘翅相交处有横长三角凹区。鞘翅红褐色，肩瘤明显，侧缘弧凸，中部最宽，端缘圆形；每鞘翅由黄白色卧毛组成的纵脊多条，沿会合缝形成 1 条宽光裸纵带，带外侧由黄白卧毛密聚形成 1 条上宽下渐狭的纵条。足棕褐色；后足胫节稍弯；第 1 跗节短于末跗节。

生物学特性：为害披碱草属等植物。

内蒙古锡林浩特　红缝草天牛（2022 年 7 月 1 日）

内蒙古锡林浩特　红缝草天牛（2022 年 7 月 1 日）

肩脊草天牛 *Eodorcadion humerale* (Gebler)

分类地位：鞘翅目 Coleoptera，天牛科 Cerambycidae。

分布范围：吉林、黑龙江、内蒙古、山东；朝鲜，蒙古，俄罗斯。

形态特征：成虫体长 15.0~20.0 mm，宽 6.0~8.5 mm。雄虫小窄，雌虫宽大。小盾片半圆形，雄虫两侧有白色毛。合拢后，各翅呈半圆形，腹节均外露。触角柄节最粗最长，第 2 节最短，长和宽略相等，从第 3 节开始每节基本有白环，长度第 3 节开始节数增长度递减，末节约和第 4 节等长。腹面黑色，布满白色绒毛，各足跗节都有黄褐色毛垫。

生物学特性：成虫盛期在 7 月，该种生活在林间草丛中，在山下道路两侧土地上即可捕到。

内蒙古陈巴尔虎旗　肩脊草天牛（2023 年 7 月 21 日）

内蒙古陈巴尔虎旗　肩脊草天牛（2023 年 7 月 21 日）

内蒙古陈巴尔虎旗　肩脊草天牛（2023 年 7 月 21 日）

内蒙古陈巴尔虎旗　肩脊草天牛（2023 年 7 月 21 日）

拟修天牛 *Eumecocera impustulata* (Motschulsky)

分类地位：鞘翅目 Coleoptera，天牛科 Cerambycidae。

分布范围：黑龙江、辽宁、内蒙古、河北、安徽；俄罗斯，韩国，日本。

形态特征：体长为肩部宽的 3 倍以上。头部宽与前胸相同，额部宽与长相等或较长度为宽，眼窝深凹，未分隔。触角长度超过体长，柄节略微膨胀，第 3 节始终最长，第 4 节长度与柄节相等或短于柄节。前胸背板有 2 个黑色斑块，无侧瘤。鞘翅近乎平行，有时在顶端略微扩张，无侧脊，末端圆滑，密布蓝色和绿色短柔毛。

生物学特性：未见报道。

内蒙古锡林浩特　拟修天牛（2021 年 6 月 1 日）

内蒙古锡林浩特　拟修天牛（2022 年 6 月 22 日）

内蒙古锡林浩特　拟修天牛（2022 年 6 月 22 日）

内蒙古锡林浩特　拟修天牛（2022 年 6 月 22 日）

密条草天牛 *Eodorcadion virgatum* (Motschulsky)

分类地位：鞘翅目 Coleoptera，天牛科 Cerambycidae。

分布范围：辽宁、吉林、黑龙江、内蒙古、河北、北京、天津、山西、上海、陕西、湖南、浙江；朝鲜，蒙古。

形态特征：体长 12.0~22.0 mm，宽 5.5~9.5 mm。体长卵形，黑至黑褐色。头、前胸背板各有 2 条大致平行的淡灰色或灰黄色绒毛纵纹。雄虫触角伸达鞘翅端；雌虫稍短。环各节基部覆浅色绒毛。前胸背板宽超过长，前缘微凸，后缘平直，侧刺突基部粗大，顶端较钝；胸部刻点粗，中央有 1 条基部深凹纵沟。小盾片为横长三角形，顶端钝，边缘覆浅色短绒毛。鞘翅肩瘤显著，两侧缘弧凸，中部最宽，端部边缘圆，腹末 2 节外露；每鞘翅有 8 条灰白色或灰黄色绒毛纵条纹，条纹宽窄不一，时断时续；沿会合缝形成 1 条黑色宽纵裸带。

生物学特性：为害杨、刺槐、核桃。

内蒙古锡林浩特　密条草天牛（2022 年 8 月 9 日）

内蒙古锡林浩特　密条草天牛（2022 年 8 月 9 日）

内蒙古锡林浩特　密条草天牛（2022 年 8 月 9 日）

内蒙古科尔沁右翼中旗　密条草天牛（2021 年 6 月 28 日）

内蒙古科尔沁右翼中旗　密条草天牛（2022 年 8 月 9 日）

黑点粉天牛 *Olenecamptus clarus* Pascoe

分类地位：鞘翅目 Coleoptera，天牛科 Cerambycidae。

分布范围：东北、河北、北京、山西、江苏、浙江、江西、河南、湖南、四川、贵州、陕西、台湾；俄罗斯，朝鲜，日本。

形态特征：体长 12.0~17.0 mm，宽 3.2~4.0 mm。体被白、黄绿色绒毛，触角、足棕黄色。头后缘有 3 个黑色纵短斑。前胸背板中央有 1 个黑色斑，常向前后延伸成不规则的纵条纹，两侧缘各有 2 个黑色点斑；小盾片被白色绒毛。鞘翅黑色斑有两种类型：每翅上有 4 个黑色点，肩部有 1 个长形、翅中央有 2 个圆形和近翅端外缘有 1 个较小的卵形黑色点斑；每鞘翅有 2 个黑色点，无端斑。

生物学特性：未见报道。

北京昌平　黑点粉天牛（2020 年 10 月 6~7 日）

北京昌平　黑点粉天牛（2020 年 10 月 6~7 日）

北京昌平　黑点粉天牛（2020 年 10 月 6~7 日）

蒙古小筒天牛 *Phytoecia mongolorum* Namhaidorzh

分类地位：鞘翅目 Coleoptera，天牛科 Cerambycidae。

分布范围：东北、华北、华东、华中、陕西、广东、广西、台湾、四川、贵州；俄罗斯，朝鲜半岛，日本。

形态特征：体长 6.0~11.0 mm，宽 2.0~2.8 mm。体灰黑色。雄虫触角超过体长，雌虫触角与体等长，被稀疏灰色绒毛，下侧有稀疏缨毛；前胸背板宽大于长，刻点粗密且有 1 个橘红色光亮凸起的大圆斑。足橘黄色；鞘翅各有 2 条纵脊，密被均匀灰色绒毛，刻点密而乱。

生物学特性：寄主为菊花、山白菊等菊科植物。

内蒙古锡林浩特　蒙古小筒天牛（2021 年 6 月 11 日）

内蒙古锡林浩特　蒙古小筒天牛（2022 年 7 月 14 日）

内蒙古锡林浩特　蒙古小筒天牛（2021 年 6 月 11 日）

内蒙古锡林浩特　蒙古小筒天牛（2022 年 7 月 14 日）

内蒙古锡林浩特　蒙古小筒天牛（2022 年 7 月 14 日）

内蒙古锡林浩特　蒙古小筒天牛（2022 年 7 月 14 日）

内蒙古锡林浩特　蒙古小筒天牛（2022 年 6 月 21 日）

内蒙古锡林浩特　蒙古小筒天牛（2021 年 6 月 18 日）

内蒙古锡林浩特　蒙古小筒天牛（2021 年 6 月 18 日）

花天牛亚科 Lepturinae

赤杨斑花天牛 *Stictoleptura dichroa* (Blanchard)

分类地位：鞘翅目 Coleoptera，天牛科 Cerambycidae。

分布范围：浙江、北京、黑龙江、吉林、河北、山西、山东、河南、陕西、安徽、湖北、江西、湖南、福建、四川、贵州；俄罗斯，朝鲜，韩国，日本。

形态特征：体长 12.0~22.0 mm。体黑色，头、触角、小盾片和足黑色。前胸和鞘翅赤褐色。雌虫触角接近鞘翅中部，雄虫触角则超过鞘翅中部，第 3 节最长。前胸长度与宽度约相等，两侧缘呈浅弧形，前部最窄中域隆起。小盾片呈三角形。鞘翅肩部最宽，向后逐渐狭窄，后缘斜切，被黄色竖毛，腹面刻点细小，被灰黄色细毛，富有光泽。足中等大小，有灰黄色细毛，后足第 1 跗节长约为第 2、第 3 跗节总长的 1.5 倍以上。

生物学特性：为害杨属植物、赤杨和松。

北京延庆　赤杨斑花天牛（2021 年 8 月 8 日）

北京延庆　赤杨斑花天牛（2021 年 8 月 8 日）

北京延庆　赤杨斑花天牛（2021 年 8 月 8 日）

叶甲科 Chrysomelidae　跳甲亚科 Alticinae

蓟跳甲 *Altica cirsicola* Ohno

分类地位： 鞘翅目 Coleoptera，叶甲科 Chrysomelidae。

分布范围： 北京、甘肃、青海、新疆、内蒙古、黑龙江、吉林、辽宁、河北、山西、山东、安徽、福建、湖北、湖南、四川、贵州、云南；日本，印度，东南亚。

形态特征： 体长 3.3~4.3 mm。体金绿色，光亮触角黑褐色。头顶无刻点，额部具 2 个近圆形瘤突，突显，位于两触角窝的上方，触角间的隆脊上半部粗宽，下半部细狭。前胸背板光滑，无明显刻点，近基部具 1 条横沟，中直。鞘翅上刻点比前胸背板的粗密，刻点间具粒状细纹。

生物学特性： 寄主为刺儿菜、野蓟等蓟属植物，食性较为专一，可用于刺儿菜等杂草的生物防治。

内蒙古锡林浩特　蓟跳甲（2021 年 5 月 29 日）

内蒙古锡林浩特　蓟跳甲（2022 年 8 月 13 日）

内蒙古锡林浩特　蓟跳甲（2021 年 7 月 30 日）

内蒙古锡林浩特　蓟跳甲（2021 年 8 月 3 日）

内蒙古锡林浩特　蓟跳甲（2022 年 8 月 13 日）

内蒙古锡林浩特　蓟跳甲（2022 年 8 月 13 日）

跳甲 *Altica* sp.

分类地位：鞘翅目 Coleoptera，叶甲科 Chrysomelidae。

分布范围：内蒙古。

形态特征：体蓝黑色，有强烈的金属光泽。头部之额瘤凸出；触角粗壮，端部较粗。前胸背板盘区较隆起、基部之前具1条深刻横沟，其两端伸达侧缘，中部直或略弯曲，这是本属的主要区别特征之一。鞘翅刻点混乱或略呈纵行排列趋势；有些种类的雌虫在肩后有纵隆脊。

生物学特性：未见报道。

内蒙古锡林浩特　跳甲（2022年8月24日）

内蒙古锡林浩特　跳甲（2022 年 8 月 24 日）

麻头长跗跳甲 *Longitarsus rangoonensis* Jacoby

分类地位： 鞘翅目 Coleoptera，叶甲科 Chrysomelidae。

分布范围： 宁夏、河北、山西、内蒙古、江苏、广西、四川、甘肃；印度，尼泊尔，阿富汗等。

形态特征： 卵形；淡黄褐色。头顶皱，每侧复眼内缘至头顶中央常具排成不规则横行的清晰刻点；额瘤不清晰，触角间较宽而稍隆；触角向后达到体长的 2/3 至 3/4 处。前胸背板横宽，侧缘中部弧拱；盘区强烈皱纹状，刻点稠密而清晰。鞘翅表面皱纹状刻点深而稠密，肩胛略清晰；有的或缺后翅。后足第 1 节约为其胫节长的 1/2。

生物学特性： 未见报道。

内蒙古锡林浩特 麻头长跗跳甲（2022 年 6 月 29 日）

豆象亚科 Bruchinae

柠条豆象 *Kytorhinus immixtus* Motschulsky

分类地位：鞘翅目 Coleoptera，叶甲科 Chrysomelidae。

分布范围：宁夏、内蒙古、陕西、甘肃；蒙古，俄罗斯，吉尔吉斯斯坦。

形态特征：体长 4.0~5.0 mm，宽 2.0~2.2 mm。长椭圆形；黑色。头密布小刻点，被灰白色毛；唇基长；额中部具脊；复眼大，中部几乎相接；雄虫触角齿状，约与体等长，雌虫触角锯齿状，向后长度达到体长的 1/2。前胸背板具刻点及灰白色与污黄色毛，中央稍隆起，近基部中叶有细纵沟。小盾片长方形，基部凹，被灰白色毛。鞘翅具刻点及污黄色毛，基部近中间有 1 束灰白色毛；肩胛明显，侧缘中间略凹、两端向外扩展，末端圆。臀板与腹部背板第 1 节外露，具刻点与灰白色毛，板端部向下弯入第 5 腹板。足细长，后足腿节约与胫节等长；后胫节短于跗节，第 1 跗节长于其余各节之和。

生物学特性：为害锦鸡儿、柠条及甘草种子。

内蒙古锡林浩特　柠条豆象（2021 年 5 月 28 日）

内蒙古锡林浩特　柠条豆象（2021 年 6 月 9 日）

内蒙古锡林浩特　柠条豆象（2021 年 5 月 19 日）

内蒙古锡林浩特　柠条豆象（2021 年 6 月 9 日）

内蒙古锡林浩特　柠条豆象（2021 年 5 月 28 日）

内蒙古锡林浩特　柠条豆象（2021 年 5 月 28 日）

牵牛豆象 *Spermophagus sericeus* (Geoffroy)

分类地位： 鞘翅目 Coleoptera，叶甲科 Chrysomelidae。
分布范围： 北京、甘肃、新疆、内蒙古、河北；古北区。
形态特征： 体长 1.8~2.8 mm。体黑色，被稀疏灰白色毛，无斑纹。前胸背板宽约为长的 1.5 倍。鞘翅侧缘弧形，末端圆。后足胫节具 2 个黑色端距。
生物学特性： 取食旋花属植物种子；可访问刺儿菜、泥胡菜、萝卜、抱茎小苦荬等的花。

内蒙古锡林浩特　牵牛豆象（2021 年 5 月 29 日）

龟甲亚科 Cassidinae

双行小龟甲 *Cassida berolinensis* Suffrian

分类地位：鞘翅目 Coleoptera，叶甲科 Chrysomelidae。

分布范围：黑龙江、内蒙古、新疆、河北、北京；欧洲。

形态特征：体长 3.5~5.0 mm，体宽 2.5~4.0 mm，体椭圆形。体淡黄色至淡棕色，尾端缝角较深，有时背面带油色，有时鞘翅具小型褐色细条斑，多少不一，大致分布于基部以及中后部和中缝上。腹面、触角及足一般淡色，有时后胸腹板及腹部黑褐色，触角末端第 4、5 节色泽稍深。前胸背板半圆形，侧角阔圆，处于基部；表面刻点中区细弱，两侧粗深，特别在盘侧区域，有时连成细沟状。鞘翅基部略微阔于胸基，最阔处在鞘翅中部，肩角略前伸；驼顶平，不拱起；刻点较前胸的粗深，极清晰整齐，排成双行，2、4、6、8 行距宽阔。足的第 3 跗节很长，至少等长于第 1、2 两节之和；腹面相当光秃，与龟甲相似，但毛较多。额基长宽相等，梯形，面平，不粗糙，刻点粗密、清晰，中区顶端较阔，不呈尖角。触角达到鞘翅肩角，第 3~5 节各节约等长，均长于第 2 节。

生物学特性：未见报道。

内蒙古锡林浩特　双行小龟甲（2022 年 7 月 13 日）

内蒙古锡林浩特　双行小龟甲（2022 年 7 月 13 日）

内蒙古锡林浩特　双行小龟甲（2022 年 7 月 13 日）

蒿龟甲 *Cassida fuscorufa* Motschulsky

分类地位：鞘翅目 Coleoptera，叶甲科 Chrysomelidae。

分布范围：北京、内蒙古、陕西、甘肃、黑龙江、辽宁、河北、山西、河南、山东、江苏、浙江、江西、福建、台湾、湖北、广西、海南、四川；日本，朝鲜半岛，俄罗斯，蒙古。

形态特征：体长 5.0~6.5 mm。体背棕色，鞘翅具模糊不规则且略深的斑纹，腹面及头和足黑色，胸腹侧片及腹部外周缘浅色；触角基节的大部及端部 5 节黑色或黑褐色。前胸背板侧角尖钝不一。

生物学特性：成虫为害蒿属、野菊花；幼虫为害艾蒿。

内蒙古锡林浩特　蒿龟甲（2021 年 8 月 3 日）

叶甲亚科 Chrysomelinae

紫榆叶甲 *Ambrostoma superbum* (Thunberg)

分类地位：鞘翅目 Coleoptera，叶甲科 Chrysomelidae。

分布范围：河北、内蒙古、辽宁、吉林、黑龙江、贵州；俄罗斯。

形态特征：体长 8.5~11.0 mm，宽 5.2~6.5 mm。体长椭圆形，背面金绿色间紫铜色，鞘翅基部横凹之后有 5 条不规则紫铜色纵条纹；腹面铜绿色；足紫罗兰色。头部深刻点中等大小。触角细长。前胸背板宽约为长的 2 倍；侧缘直，向前略变宽；盘区具粗细两种刻点，很密。小盾片半圆形，无刻点。鞘翅肩后横向凹陷，横凹后强烈隆凸；刻点较前胸背板盘区的粗，略呈双行排列，行距上具很密的细刻点。

生物学特性：1 年 1 代，成虫越冬。为害榆树等。

内蒙古鄂温克　紫榆叶甲（2014 年 7 月 26 日）

内蒙古鄂温克　紫榆叶甲（2014 年 7 月 26 日）

内蒙古鄂温克　紫榆叶甲（2014 年 7 月 26 日）

杨叶甲 *Chrysomela populi* Linnaeus

分类地位： 鞘翅目 Coleoptera，叶甲科 Chrysomelidae。

分布范围： 北京、陕西、甘肃、宁夏、青海、新疆、内蒙古、黑龙江、吉林、辽宁、河北、山西、山东、江苏、安徽、浙江、江西、福建、湖北、湖南、广西、四川、贵州、云南、西藏；日本，朝鲜半岛，俄罗斯，印度，中亚至欧洲，北非。

形态特征： 体长 8.0~12.5 mm。体黑蓝色，具金属光泽，但鞘翅棕黄色至红色，翅端鞘缝处常具 1 个小黑斑。

生物学特性： 1 年 2 代，以成虫在枯枝落叶层或土中越冬。成虫和幼虫取食多种杨柳。

内蒙古锡林浩特　杨叶甲（2022 年 7 月 13 日）

内蒙古锡林浩特　杨叶甲（2022 年 6 月 22 日）

内蒙古锡林浩特　杨叶甲（2022 年 6 月 22 日）

内蒙古锡林浩特　杨叶甲（2022 年 7 月 13 日）

吉林长白山　杨叶甲（2015 年 6 月 19 日）

吉林长白山　杨叶甲（2015 年 6 月 19 日）

柳十八星叶甲 *Chrysomela salicivorax* (Fairmaire)

分类地位：鞘翅目 Coleoptera，叶甲科 Chrysomelidae。

分布范围：北京、内蒙古、陕西、甘肃、吉林、辽宁、河北、山东、安徽、浙江、江西、四川、贵州；朝鲜半岛。

形态特征：体长 6.3~8.0 mm。体色（包括足）及斑纹多变，头、前胸背板中部、小盾片及腹面深青铜色，前胸背板两侧及鞘翅灰白色至橙红色，每鞘翅具 9 个黑斑；小盾片后侧的黑斑较短，长略大于宽；斑纹可减少，甚至无斑纹。

生物学特性：1 年发生 2 代，以成虫越冬。成虫和幼虫取食柳叶，多在叶片上化蛹，也可在树干上化蛹。

内蒙古科尔沁右翼中旗　柳十八星叶甲（2021 年 7 月 13 日）

内蒙古科尔沁右翼中旗　柳十八星叶甲（2021 年 7 月 13 日）

内蒙古科尔沁右翼中旗　柳十八星叶甲（2021 年 7 月 13 日）

内蒙古科尔沁右翼中旗　柳十八星叶甲（2021 年 7 月 13 日）

蓼蓝齿胫叶甲 *Gastrophysa atrocyanea* Motschulsky

分类地位：鞘翅目 Coleoptera，叶甲科 Chrysomelidae。

分布范围：北京、甘肃、辽宁、内蒙古、河北、江苏、浙江、江西、福建、湖北、湖南、四川；日本，朝鲜半岛，俄罗斯，越南。

形态特征：体长 5.0~5.5 mm。体深蓝色，略带紫色光泽；腹面蓝黑色，末端棕黄色。触角基节向内侧膨大，第 3 节约为第 2 节长的 1.5 倍。各足胫节端部外侧呈角状膨出。

生物学特性：成虫和幼虫为害酸模、水萝卜、萹蓄等蓼科植物。

内蒙古锡林浩特　蓼蓝齿胫叶甲（2021 年 5 月 21 日）

黑缝齿胫叶甲 *Gastrophysa mannerheimi* (Stål)

分类地位：鞘翅目 Coleoptera，叶甲科 Chrysomelidae。

分布范围：黑龙江、吉林、辽宁、内蒙古、河北、宁夏、新疆；中亚，欧洲。

形态特征：体长 5.5~5.7 mm，宽 2.6~2.7 mm。体长椭圆形，棕黄色。触角第 1~5 节棕黄色，第 6~11 节褐色；复眼黑色；小盾片蓝紫色；鞘翅中缝处具 1 个蓝色斑。腹面棕黄色，中胸和后胸腹板蓝紫色。头部刻点相当稀疏。触角向后超过鞘翅肩胛，第 3 节约为第 2 节长的 1.5 倍，较第 4 节长，端部 6 节显著较粗。前胸背板横阔，侧缘在中部之前拱弧，盘区刻点粗深，中部略疏。小盾片舌形，基部具刻点。基部较前胸略宽，表面刻点更粗密。各足胫节端部外侧呈角状膨出。前胸腹板突窄，具粗大的刻点；中胸腹板、后胸腹板及腹部腹面具粗大的刻点。腿节粗大，胫节细长。

生物学特性：未见报道。

内蒙古锡林浩特　黑缝齿胫叶甲（2022 年 8 月 24 日）

内蒙古锡林浩特　黑缝齿胫叶甲（2022 年 8 月 24 日）

内蒙古锡林浩特　黑缝齿胫叶甲（2022 年 8 月 24 日）

内蒙古锡林浩特　黑缝齿胫叶甲（2022 年 8 月 24 日）

萹蓄齿胫叶甲 *Gastrophysa polygoni* (Linnaeus)

分类地位： 鞘翅目 Coleoptera，叶甲科 Chrysomelidae。

分布范围： 黑龙江、辽宁、内蒙古、北京、天津、河北、甘肃、新疆；朝鲜，欧洲，北美洲。

形态特征： 体长 5.0~5.2 mm，宽 2.4~2.5 mm。头、鞘翅和腹面蓝紫色至蓝绿色，具金属光泽；前胸背板、腹部末节、足（除跗节端部）、触角基部棕红色；触角及跗节端部黑色。触角粗壮，可伸达鞘翅肩胛；前胸背板表面拱凸，侧缘微弧，刻点略细于头部，两侧较密。鞘翅刻点粗于胸部，刻点间隆起具网状细纹。

生物学特性： 专性取食萹蓄 *Polygonum aviculare*，19~31 ℃范围内，该虫的发育历期随温度升高而缩短，反之则延长。全世代发育起点温度约为 12.6 ℃，有效积温 290.4 日度。

内蒙古锡林浩特　萹蓄齿胫叶甲（2022 年 7 月 2 日）

内蒙古锡林浩特　萹蓄齿胫叶甲（2022 年 8 月 10 日）

内蒙古锡林浩特　萹蓄齿胫叶甲（2022 年 8 月 10 日）

内蒙古锡林浩特　蔺蓄齿胫叶甲（2022 年 8 月 9 日）

内蒙古锡林浩特　蒿蓄齿胫叶甲（2022 年 8 月 9 日）

内蒙古锡林浩特　蒿蓄齿胫叶甲（2021 年 5 月 29 日）

新疆喀什　萹蓄齿胫叶甲（2022 年 7 月 27 日）

新疆喀什　萹蓄齿胫叶甲（2022 年 7 月 27 日）

内蒙古锡林浩特　萹蓄齿胫叶甲（2022 年 7 月 2 日）

内蒙古锡林浩特　萹蓄齿胫叶甲（2022 年 8 月 4 日）

内蒙古锡林浩特　萹蓄齿胫叶甲（2022 年 8 月 9 日）

内蒙古锡林浩特　萹蓄齿胫叶甲（2022 年 8 月 9 日）

新疆喀什　萹蓄齿胫叶甲卵（2022 年 7 月 27 日）

新疆喀什　萹蓄齿胫叶甲幼虫（2022 年 7 月 27 日）

柳弗叶甲 *Phratora vulgatissima* (Linnaeus)

分类地位： 鞘翅目 Coleoptera，叶甲科 Chrysomelidae。

分布范围： 黑龙江、内蒙古、新疆；朝鲜，俄罗斯，欧洲，北美洲。

形态特征： 体长 4.0~5.0 mm，宽 2.2 mm。背面深蓝色，有时带绿或微紫色；腹面黑蓝色，触角第 1 节端部和第 2 节棕红色。头顶刻点粗密，两触角内侧各有 1 个光亮的瘤状突起，唇基半圆形，不很凹陷，前部不向下折转。雄虫触角的第 4~6 节下沿各具长毛如毛刷，前胸背板基缘具明显边框，表面刻点粗密，行列不太整齐，尤以肩下数行为甚；行距上微隆，具微细刻点。

生物学特性： 为害柳属植物。

内蒙古锡林浩特　柳弗叶甲（2022 年 6 月 19 日）

内蒙古锡林浩特　柳弗叶甲（2022 年 6 月 19 日）

内蒙古锡林浩特　柳弗叶甲（2022 年 6 月 19 日）

内蒙古锡林浩特　柳弗叶甲（2022 年 6 月 19 日）

柳圆叶甲 *Plagiodera versicolora* (Laicharting)

分类地位：鞘翅目 Coleoptera，叶甲科 Chrysomelidae。

分布范围：北京、陕西、甘肃、宁夏、内蒙古、黑龙江、吉林、辽宁、河北、山西、河南、山东、江苏、安徽、浙江、江西、福建、台湾、湖北、湖南、四川、贵州；日本，欧洲，印度，北非。

形态特征：体长 4.0~4.5 mm；体卵圆形，深蓝色，具金属光泽，有时带绿光，触角和小盾片黑色，腹面蓝黑色，末端棕黄色；触角第 2、第 4 节均短于第 3 节，其余各节向端逐渐加粗。

生物学特性：成虫和幼虫取食垂柳、旱柳等。

内蒙古锡林浩特　柳圆叶甲（2021 年 6 月 18 日）

内蒙古锡林浩特　柳圆叶甲（2022 年 8 月 24 日）

负泥虫亚科 Criocerinae

十四点负泥虫 *Crioceris quatuordecimpunctata* (Scopoli)

分类地位：鞘翅目 Coleoptera，叶甲科 Chrysomelidae。

分布范围：北京、陕西、内蒙古、黑龙江、吉林、辽宁、河北、山东、江苏、浙江、福建、台湾、广西、云南；日本，朝鲜半岛，哈萨克斯坦，欧洲。

形态特征：体长 5.5~7.5 mm。体棕黄色或橘红色，具黑斑；头前端、复眼及四周、触角均黑色，两眼间稍后有 1 个黑斑。前胸背板长略大于宽，前半部具黑斑 4 个，成横排，基部中央有时有 1 个黑斑。小盾片黑色。鞘翅斑纹变化大，典型的是每鞘翅具黑斑 7 个，但斑纹可以减少甚至消失，或黑斑变大相连，鞘翅几乎全为黑色，仅侧缘橘红色。

生物学特性：为害石刁柏（芦笋）、文竹等百合科天门冬属植物，幼虫不负泥。

内蒙古锡林浩特　十四点负泥虫（2021 年 6 月 18 日）

内蒙古锡林浩特　十四点负泥虫（2021 年 7 月 5 日）

内蒙古锡林浩特　十四点负泥虫（2021 年 6 月 18 日）

内蒙古锡林浩特　十四点负泥虫（2022 年 6 月 17 日）

内蒙古锡林浩特　十四点负泥虫（2022 年 6 月 17 日）

内蒙古锡林浩特　十四点负泥虫（2022 年 6 月 22 日）

内蒙古锡林浩特　十四点负泥虫（2022 年 6 月 22 日）

内蒙古锡林浩特　十四点负泥虫（2022 年 6 月 22 日）

内蒙古科尔沁右翼中旗　十四点负泥虫（2021 年 7 月 5 日）

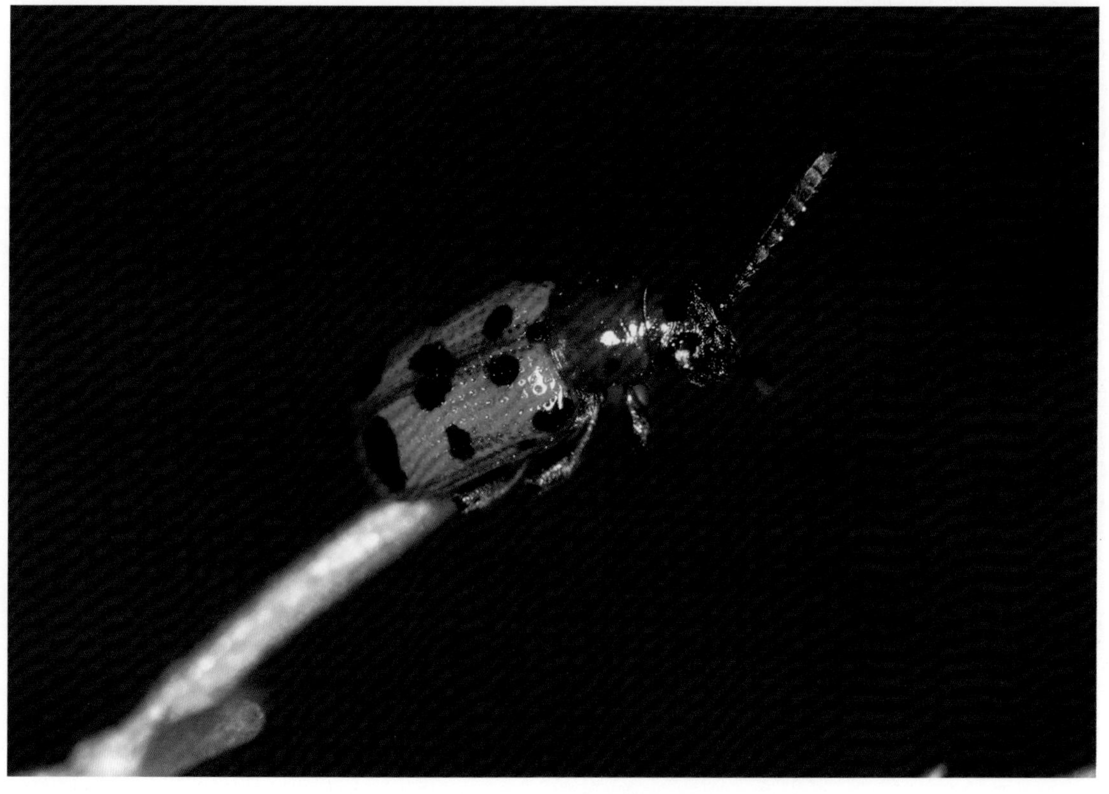

内蒙古锡林浩特　十四点负泥虫（2021 年 6 月 10 日）

东方负泥虫 *Crioceris orientalis* Jacoby

分类地位：鞘翅目 Coleoptera，叶甲科 Chrysomelidae。

分布范围：内蒙古、河北、福建；朝鲜，日本，蒙古，俄罗斯。

形态特征：体长 4.8~5.5 mm，宽 2.8~3.5 mm。头前部，小盾片，触角、足和体腹面黑色，头部眼后的区域，前胸背板，鞘翅，末腹节两侧棕黄色。头部宽大于长，后头较短；复眼突出，眼后不收狭；头顶平坦，沿“X”形沟有稀疏的刻点和毛，中央有 1 条纵沟，沟中央还有一凹窝；触角长度约为体长的 1/3，圆柱状；第 3、4 节较细，第 4 节长度与第 1 节接近，略大于第 3 节，第 5 节长度等于或略超过以后各节之和，与末节长度接近，第 8~10 各节长与节宽接近。前胸背板筒形，长宽接近；两侧边在近基部轻微凹陷；盘区隆起，表面散布密集刻点。小盾片舌形，光洁无毛。鞘翅长为宽的 3 倍，隆起；肩胛方圆，两侧边平行，中部向后渐收狭，肩沟深，基凹不明显；每鞘翅有 10 列整齐的刻点，翅基部刻点较端部刻点略大；端部行距平坦，纵列刻点间具少数微小刻点；缘折在基部平坦，端部稍隆起，有一列细小刻点。腹面散布均匀的毛。足中等长，腿节较粗，后足腿节明显较前足、中足粗；胫节直；爪基部分开，两爪对称。

生物学特性：寄主植物为天门冬科植物。危害主要发生在幼虫期，3~4 龄的幼虫大量取食天门冬科植物的嫩叶和嫩茎，造成植株茎皮有缺刻，嫩茎弯曲畸形等，当种群密度大时，会造成严重危害，如植株的叶茎和嫩茎被全部吃光，仅剩下无外皮包裹的主茎，导致植株枯死。

内蒙古锡林浩特　东方负泥虫（2022 年 8 月 9 日）

内蒙古锡林浩特　东方负泥虫（2021 年 6 月 10 日）

内蒙古锡林浩特　东方负泥虫（2022年8月9日）

内蒙古锡林浩特　东方负泥虫（2022年8月9日）

内蒙古锡林浩特　东方负泥虫（2021 年 6 月 18 日）

内蒙古锡林浩特　东方负泥虫（2022 年 8 月 24 日）

内蒙古锡林浩特 东方负泥虫（2022 年 8 月 9 日）

内蒙古锡林浩特 东方负泥虫（2021 年 6 月 10 日）

枸杞负泥虫 *Lema decempunctata* (Gebler)

分类地位：鞘翅目 Coleoptera，叶甲科 Chrysomelidae。

分布范围：北京、陕西、宁夏、甘肃、青海、新疆、内蒙古、河北、山西、山东、江苏、浙江、江西、福建、湖南、四川、西藏；日本，朝鲜半岛，俄罗斯，蒙古，哈萨克斯坦。

形态特征：体长 4.5~5.8 mm。头、前胸背板小盾片及足黑色，稍具蓝色光泽，触角黑色，鞘翅黄褐色，两鞘翅共有 10 个黑斑。斑纹可扩大（腿部黑色区也扩大），但常减少，无斑点。前胸背板近于方形，近中央具 1 个纵凹窝。

生物学特性：为害枸杞和天仙子。

内蒙古科尔沁右翼中旗　枸杞负泥虫（2021 年 6 月 28 日）

内蒙古科尔沁右翼中旗　枸杞负泥虫（2021年6月28日）

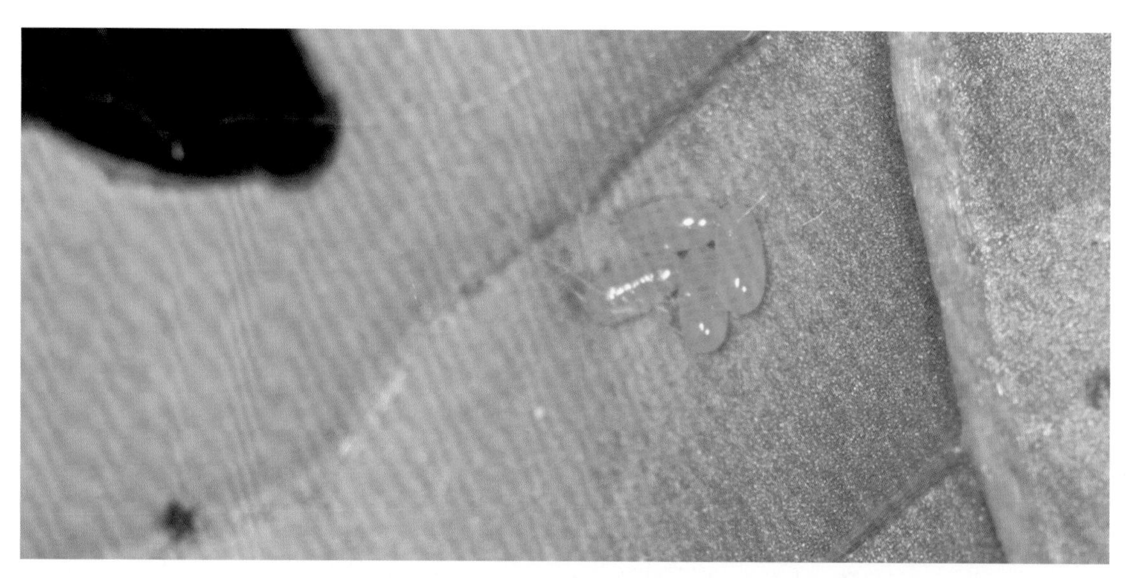

内蒙古科尔沁右翼中旗　枸杞负泥虫卵（2021 年 6 月 28 日 ）

内蒙古科尔沁右翼中旗　枸杞负泥虫幼虫（2021 年 6 月 28 日 ）

谷子负泥虫 *Oulema tristis* (Herbst)

分类地位：鞘翅目 Coleoptera，叶甲科 Chrysomelidae。

分布范围：东北、华北（内蒙古）、西北，山东；朝鲜半岛，日本，俄罗斯，欧洲。

形态特征：体长 3.5~4.5 mm，宽约 1.6~2.0 mm，体黑蓝色，具金属光泽。胸部细长，略似古钟状，鞘翅上有 10 列纵行排列刻点，青蓝色，小盾片、前胸背板及腹面钢蓝色，触角基半部较端半部细，黑褐色。足黄色，基节钢蓝色，前胸背板长于宽，基部、横凹显著，中央处有 1 个短纵凹，刻点密集在两侧和基凹里。鞘翅平坦，基部刻点稍大，每 1 行刻点在纵沟处。

生物学特性：1 年 1 代，成虫越冬。成、幼虫均为害谷叶，常造成枯心烂叶。

内蒙古锡林浩特　谷子负泥虫（2021 年 8 月 18 日）

内蒙古锡林浩特　谷子负泥虫（2021 年 8 月 18 日）

内蒙古锡林浩特　谷子负泥虫（2021 年 8 月 18 日）

内蒙古锡林浩特　谷子负泥虫（2021 年 8 月 18 日）

隐头叶甲亚科 Cryptocephalinae

榆隐头叶甲 *Cryptocephalus lemniscatus* Suffrian

分类地位： 鞘翅目 Coleoptera，叶甲科 Chrysomelidae。

分布范围： 北京、陕西、新疆、内蒙古、黑龙江、吉林、辽宁、河北、山西、河南、山东；俄罗斯，蒙古。

形态特征： 体长 3.5~6.0 mm。体棕红色至黄棕色，具黑斑（闪墨绿色光泽）；头后缘及头顶中央具纵斑，前胸背板两侧及鞘翅中部具纵纹。触角丝状，端部黑褐色。小盾片黑色，有时端部具红黄色斑。

生物学特性： 1 年发生 1 代，以老熟幼虫在枯枝落叶中或土中越冬。取食榆树，幼虫生活在虫袋（巢）中，带着巢行走和取食。

内蒙古锡林浩特　榆隐头叶甲（2021 年 6 月 18 日）

内蒙古锡林浩特　榆隐头叶甲（2021 年 6 月 17 日）

内蒙古锡林浩特　榆隐头叶甲（2021 年 6 月 17 日）

内蒙古锡林浩特　榆隐头叶甲（2021 年 6 月 17 日）

内蒙古锡林浩特　榆隐头叶甲（2021 年 6 月 1 日）

黑纹隐头叶甲 *Cryptocephalus limbellus* Suffrian

分类地位：鞘翅目 Coleoptera，叶甲科 Chrysomelidae。

分布范围：北京、甘肃、青海、内蒙古、黑龙江、吉林、河北、天津、山西、山东；日本，朝鲜半岛，俄罗斯，蒙古。

形态特征：体长 4.2~4.5 mm。体黑色，具黄色斑纹；额部具 1 对黄斑，触角基半部棕褐色，端半部黑褐色；前胸背板前缘、后角、中线前半部黄色，后半部中线两侧具 1 对近圆形黄斑；每鞘翅具 1 个长“U”形黄斑；足黄褐色，腿节外侧具黄斑。鞘翅上的刻点明显比前胸的粗大。

生物学特性：寄主植物为大麻、苜蓿、核桃等。

内蒙古锡林浩特　黑纹隐头叶甲（2022 年 7 月 13 日）

内蒙古锡林浩特　黑纹隐头叶甲（2022 年 7 月 14 日）

内蒙古锡林浩特　黑纹隐头叶甲（2022 年 7 月 12 日）

内蒙古锡林浩特　黑纹隐头叶甲（2022 年 7 月 12 日）

内蒙古锡林浩特　黑纹隐头叶甲（2022 年 7 月 12 日）

内蒙古锡林浩特 黑纹隐头叶甲（2022 年 7 月 13 日）

内蒙古锡林浩特 黑纹隐头叶甲（2022 年 7 月 13 日）

毛隐头叶甲 *Cryptocephalus pilosellus* Suffrian

分类地位：鞘翅目 Coleoptera，叶甲科 Chrysomelidae。

分布范围：宁夏、内蒙古、北京、河北、吉林、黑龙江、山东、陕西、甘肃、青海；蒙古。

形态特征：体长 3.5~5.0 mm，宽 2.1~2.5 mm。体黑亮，有时带墨绿色光泽，被灰色长毛，鞘翅棕黄色或土黄色，具黑斑。头上刻点小而清晰但不密；额和唇基刻点较粗大；雄虫触角向后伸达体长 2/3 处，雌虫约达鞘翅肩部。前胸背板侧缘敞边很窄，基部中叶后凸；盘区有稠密的细刻点，具纵皱纹。小盾片近三角形或长方形，末端圆钝或直，具稀疏细刻点。鞘翅肩胛、基部和小盾片后方显隆，刻点粗大而不密，排成略规则纵行。臀板具很密细刻点，雄虫板基部直，雌虫较弧圆；雄虫腹末节中部平坦或稍低凹，光裸。

生物学特性：为害榆、枣等。

内蒙古锡林浩特　毛隐头叶甲（2021 年 5 月 16 日）

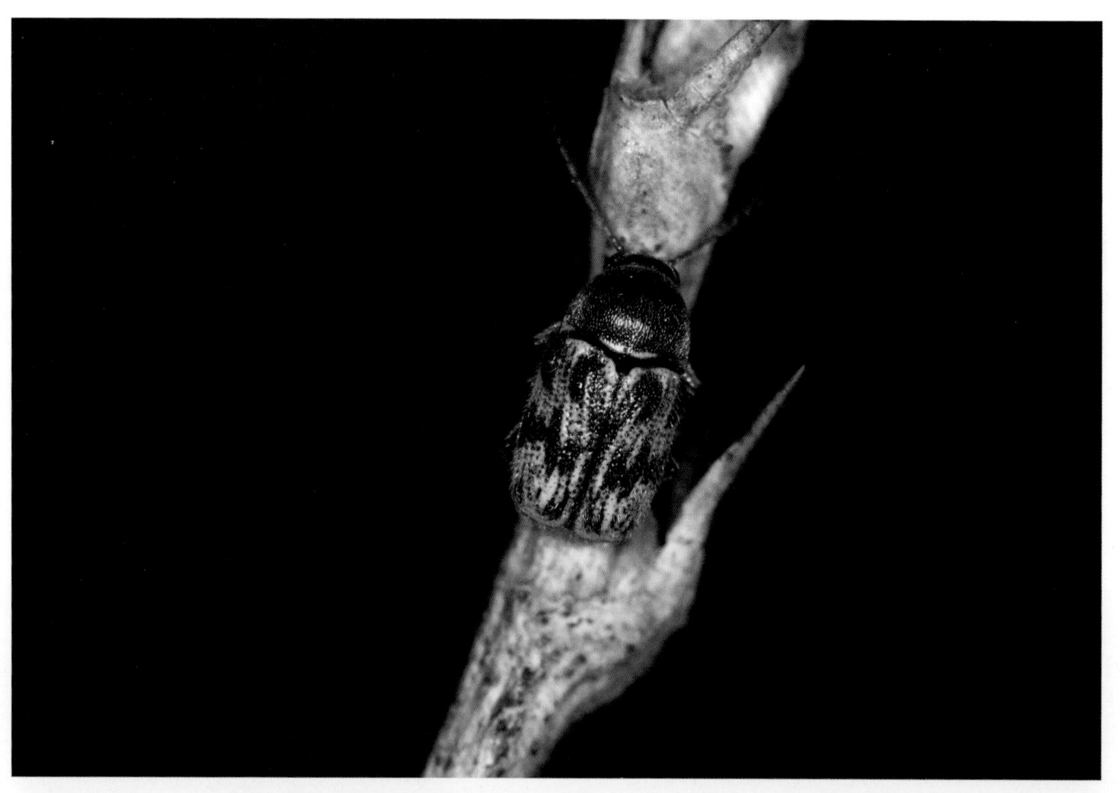

内蒙古锡林浩特　毛隐头叶甲（2021 年 5 月 26 日）

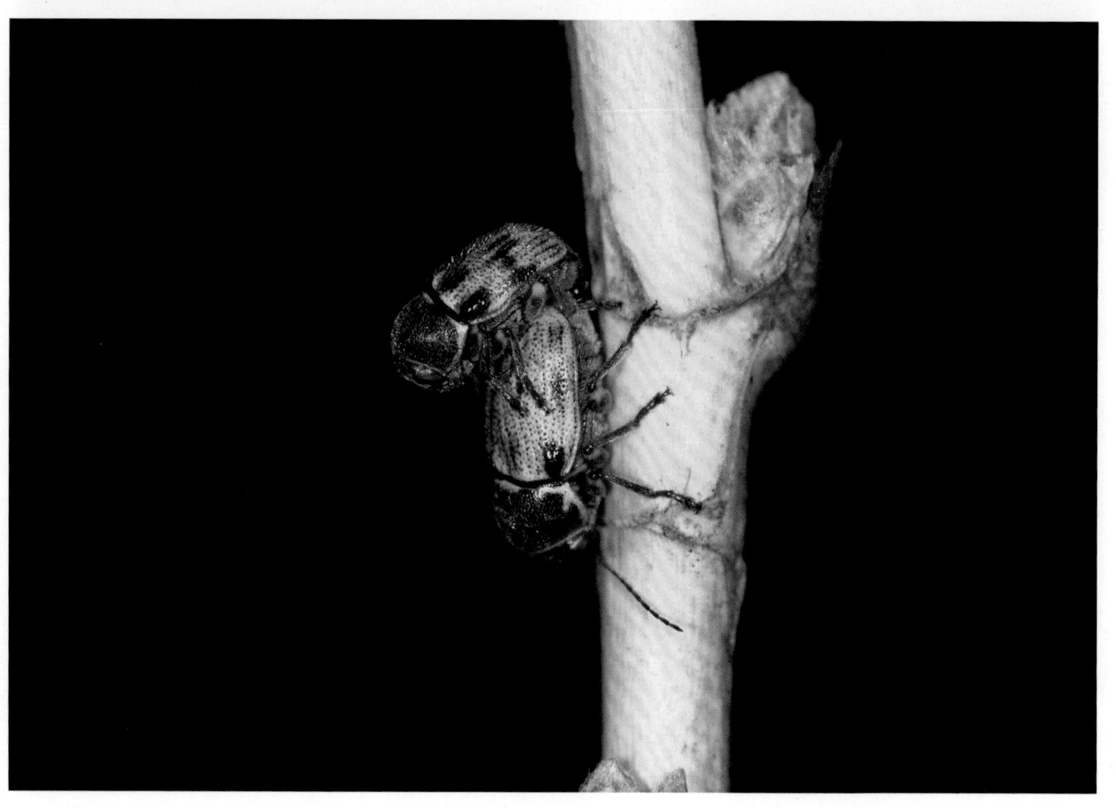

内蒙古锡林浩特　毛隐头叶甲（2021 年 5 月 16 日）

齿腹隐头叶甲 *Cryptocephalus stchukini* Faldermann

分类地位：鞘翅目 Coleoptera，叶甲科 Chrysomelidae。

分布范围：北京、河北、山西、辽宁、吉林、黑龙江、内蒙古、甘肃、青海、新疆；蒙古，俄罗斯。

形态特征：雄虫体长 4.7~5.1 mm，雌虫体长 5.9~6.2 mm。体色变化多样，底色亮黄色、红褐色，具不规则斑纹，或完全黑色；前胸背板无刚毛，鞘翅无刚毛，雄虫腹板末节中央具 1 个长圆形浅纵凹陷，且凹陷基缘中部具 1 个齿状突起。

生物学特性：寄主为杨树。

内蒙古锡林浩特　齿腹隐头叶甲（2021 年 6 月 18 日）

内蒙古锡林浩特　齿腹隐头叶甲（2021 年 6 月 18 日）

内蒙古锡林浩特　齿腹隐头叶甲（2021 年 6 月 18 日）

内蒙古锡林浩特　齿腹隐头叶甲（2021 年 6 月 18 日）

内蒙古锡林浩特　齿腹隐头叶甲（2021 年 6 月 22 日）

内蒙古锡林浩特　齿腹隐头叶甲（2021 年 6 月 22 日）

内蒙古锡林浩特　齿腹隐头叶甲（2021 年 6 月 22 日）

内蒙古锡林浩特　齿腹隐头叶甲（2021 年 6 月 9 日）

内蒙古锡林浩特　齿腹隐头叶甲（2021 年 5 月 28 日）

内蒙古锡林浩特　齿腹隐头叶甲（2021 年 5 月 20 日）

中华钳叶甲 *Labidostomis chinensis* Lefèvre

分类地位：鞘翅目 Coleoptera，叶甲科 Chrysomelidae。

分布范围：北京、陕西、甘肃、内蒙古、黑龙江、吉林、辽宁、河北、山西、山东；朝鲜半岛，俄罗斯，蒙古。

形态特征：体长 6.0~9.0 mm。体蓝绿色，具金属光泽；鞘翅棕黄色，肩部无黑斑；触角基部 4 节黄褐色，锯齿节具蓝紫色闪光；头胸部和体腹面密被白毛。触角第 2 节球形，与第 3 节长度相近而稍宽，第 4 节长于第 3 节，外侧顶角端略呈角形突出，自第 5 节起呈锯齿状。前足粗大，胫节细长，向内弯曲。

生物学特性：为害胡枝子、青杨。

内蒙古锡林浩特　中华钳叶甲（2022 年 7 月 25 日）

内蒙古锡林浩特　中华钳叶甲（2021 年 8 月 2 日）

内蒙古锡林浩特　中华钳叶甲（2021 年 8 月 2 日）

二点钳叶甲 *Labidostomis urticarum* Frivaldszky

分类地位：鞘翅目 Coleoptera，叶甲科 Chrysomelidae。

分布范围：北京、河北、宁夏、山西、内蒙古、辽宁、吉林、黑龙江、江苏、安徽、山东、湖北、湖南、四川、陕西、甘肃、青海；蒙古，俄罗斯，朝鲜。

形态特征：体长 7.0~11.0 mm。长方形；蓝绿色至靛蓝色，有金属光泽，鞘翅黄褐色，头顶及体下被白色毛。头长方形，上颚钳形前伸；唇基前缘双齿状凹，齿间直；触角窝内侧各有 1 个三角形深凹并沿唇基侧缘伸达上颚基部，形成“八”形浅沟；复眼内侧具 1 个瘤突；头顶高隆，有稠密的细刻点。前胸背板有稠密的细刻点，光裸无毛，近前缘中线两侧有 2 个斜凹，凹内刻点密，基部中央两侧低凹。小盾片平滑无刻点。鞘翅有稠密的细刻点而排列不规则，肩胛有黑斑。前胫节内侧前缘有 1 排刷状毛束，第 1 跗节长约为第 2、第 3 节的长度之和。

生物学特性：为害刺槐、柳、青杨、金丝小枣、多花胡枝子。

内蒙古锡林浩特　二点钳叶甲（2021 年 5 月 28 日）

内蒙古锡林浩特　二点钳叶甲（2021 年 5 月 26 日）

内蒙古锡林浩特　二点钳叶甲（2021 年 5 月 19 日）

内蒙古锡林浩特　二点钳叶甲（2021 年 5 月 26 日）

内蒙古锡林浩特　二点钳叶甲（2021 年 5 月 19 日）

宁夏贺兰山　二点钳叶甲（2022 年 5 月 10 日）

宁夏贺兰山　二点钳叶甲（2022 年 5 月 10 日）

宁夏贺兰山　二点钳叶甲（2022 年 5 月 10 日）

黑额光叶甲 *Physosmaragdina nigrifrons* (Hope)

分类地位：鞘翅目 Coleoptera，叶甲科 Chrysomelidae。

分布范围：北京、陕西、宁夏、黑龙江、内蒙古、吉林、辽宁、河北、山西、河南、山东、江苏、安徽、浙江、江西、福建、台湾、湖南、广东、广西、四川、贵州；日本，朝鲜半岛，俄罗斯，越南。

形态特征：体长 6.5~7.0 mm。头漆黑，前胸背板红褐色，具 1 对黑斑或无，鞘翅红褐色，具 2 条宽横带（有时减退，基部的黑带减退为 1 对黑斑，或鞘翅上无斑），足黑色。

生物学特性：为害紫薇、蒿属、栗属、地锦、柳等植物。

内蒙古锡林浩特　黑额光叶甲（2022 年 7 月 13 日）

内蒙古锡林浩特　黑额光叶甲（2022 年 7 月 13 日）

内蒙古锡林浩特　黑额光叶甲（2022 年 7 月 13 日）

内蒙古锡林浩特　黑额光叶甲（2022 年 7 月 13 日）

内蒙古锡林浩特　黑额光叶甲（2022 年 7 月 20 日）

内蒙古锡林浩特　黑额光叶甲（2022 年 7 月 20 日）

肖叶甲亚科 Eumolpinae

褐足角胸肖叶甲 *Basilepta fulvipes* (Motschulsky)

分类地位：鞘翅目 Coleoptera，叶甲科 Chrysomelidae。

分布范围：北京、陕西、内蒙古、宁夏、黑龙江、辽宁、河北、山西、山东、江苏、浙江、江西、福建、台湾、湖北、湖南、广西、四川、贵州、云南；朝鲜半岛，俄罗斯。

形态特征：体长 3.0~5.5 mm。体色多变，体背铜绿色，或头和前胸棕色，鞘翅绿色，或体棕红色等。触角丝状，棕红色，端部 6~7 节黑色或黑褐色，雌虫达体长的 1/2，雄虫达体长的 2/3，第 3、4 节最细，两者长度相近或第 3 节稍短于第 4 节。前胸背板宽不及长的 2 倍，近六角形，两侧在基部之前突出成较锐或较钝的尖角。

生物学特性：成虫取食樱桃、榆叶梅、李、苹果、枫杨、榆、菊花、艾蒿等植物的叶片；幼虫在地下取食根。近年来成为北方玉米、南方香蕉的害虫。

内蒙古锡林浩特　褐足角胸肖叶甲（2022 年 6 月 21 日）

内蒙古锡林浩特　褐足角胸肖叶甲（2022 年 6 月 21 日）

内蒙古锡林浩特　褐足角胸肖叶甲（2022 年 6 月 21 日）

内蒙古锡林浩特 褐足角胸肖叶甲（2022 年 6 月 21 日）

内蒙古锡林浩特 褐足角胸肖叶甲（2022 年 6 月 21 日）

内蒙古锡林浩特　褐足角胸肖叶甲（2022 年 6 月 21 日）

内蒙古科尔沁右翼中旗　褐足角胸肖叶甲（2021 年 7 月 9 日）

中华萝藦肖叶甲 *Chrysochus chinensis* Baly

分类地位：鞘翅目 Coleoptera，叶甲科 Chrysomelidae。

分布范围：北京、陕西、宁夏、甘肃、青海、内蒙古、黑龙江、吉林、辽宁、河北、山西、河南、山东、江苏、浙江、江西；日本，朝鲜半岛，俄罗斯，印度。

形态特征：体长 7.2~13.5 mm，宽 4.2~7.0 mm。头部刻点或稀或密，或深或浅，一般在唇基处的刻点较头的其余部分细密，毛被亦较密；头中央有 1 条细纵纹，有时此纹不明显；在触角的基部各有 1 个稍隆起光滑的瘤。触角较长或较短，达到或超过鞘翅肩部。前胸背板长大于宽，基端两处较狭；盘区中部高隆，两侧低下，如球面形，前角突出；侧边明显，中部之前呈弧圆形，中部之后较直；盘区刻点或稀疏或较密，或细小或粗大。小盾片心形或三角形，蓝黑色，有时中部有 1 个红色斑，表面光滑或具微细刻点。鞘翅基部稍宽于前胸，肩部和基部均隆起，二者之间有 1 条纵凹沟，基部之后有 1 条或深或浅的横凹；盘区刻点大小不一，一般在横凹处和肩部的下面刻点较大，排列成略规则的纵行或不规则排列。前胸前侧片前缘凸出，刻点和毛被密；前胸后侧片光亮，具稀疏的几个大刻点。雄虫中胸腹板后缘中部有 1 个向后指的小尖刺。

生物学特性：1 年 1 代，以老熟幼虫在土中越冬。成虫多取食萝藦科植物（如萝藦、地梢瓜），也会取食茄、甘薯、刺儿菜等植物，幼虫在地下取食根。

内蒙古锡林浩特　中华萝藦肖叶甲（2022 年 7 月 16 日）

辽宁阜新　中华萝藦肖叶甲（2021 年 6 月 22 日）

辽宁阜新　中华萝藦肖叶甲（2021 年 6 月 22 日）

内蒙古锡林浩特　中华萝藦肖叶甲（2022 年 7 月 16 日）

宁夏盐池　中华萝藦肖叶甲（2021 年 8 月 4 日）

宁夏盐池　中华萝藦肖叶甲（2021 年 8 月 3 日）

宁夏盐池　中华萝藦肖叶甲（2021 年 8 月 4 日）

宁夏盐池　中华萝藦肖叶甲（2021 年 8 月 4 日）

内蒙古锡林浩特　中华萝藦肖叶甲（2022 年 6 月 26 日）

内蒙古锡林浩特　中华萝藦肖叶甲（2022 年 8 月 13 日）

内蒙古锡林浩特　中华萝藦肖叶甲（2021 年 8 月 2 日）

吉林吉林　中华萝藦肖叶甲（2016 年 8 月 12 日）

甘薯肖叶甲 *Colasposoma dauricum* Mannerhein

分类地位： 鞘翅目 Coleoptera，叶甲科 Chrysomelidae。

分布范围： 北京、陕西、甘肃、宁夏、青海、新疆、内蒙古、黑龙江、吉林、辽宁、河北、山西、河南、山东、江苏、安徽、湖北、湖南、四川；日本，朝鲜，俄罗斯。

形态特征： 体长 5.0~7.0 mm；体色多变，多为蓝色或紫铜色；触角第 2~6 节常黄褐色；触角细长，端部 5 节略粗；额唇基中央具 1 个瘤突；前胸背板宽约为长的 2 倍，侧缘弧形，前胸尖锐。

生物学特性： 寄主植物为打碗花、蕹菜等，成虫咬麦茎成小孔，并产卵于其中，影响小麦营养的输送。

内蒙古锡林浩特　甘薯肖叶甲（2022 年 7 月 13 日）

内蒙古锡林浩特　甘薯肖叶甲（2022 年 7 月 13 日）

内蒙古锡林浩特　甘薯肖叶甲（2022 年 7 月 13 日）

内蒙古锡林浩特　甘薯肖叶甲（2022 年 7 月 13 日）

萤叶甲亚科 Galerucinae

豆长刺萤叶甲 *Atrachya menetriesi* (Faldermann)

分类地位： 鞘翅目 Coleoptera，叶甲科 Chrysomelidae。

分布范围： 辽宁、吉林、黑龙江、河北、山西、宁夏、甘肃、内蒙古、青海、江苏、湖南、浙江、湖北、福建、广东、广西、四川、贵州、云南；朝鲜，日本，俄罗斯。

形态特征： 体长 5.0~5.6 mm，宽 2.5~2.7 mm。头（口器、头顶常为黑色）、前胸黄色，触角（基部第 2~3 节黄褐色）、足（腿节端和胫节基部常为淡色）黑褐色至黑色。鞘翅、小盾片颜色变异较大；鞘翅有时黄褐色，仅翅端、侧缘黑色；有时鞘翅后端 2/3 黑色或全部黑色，小盾片黑色。前胸背板有时具 5 个褐色斑：基部 3 个呈横列；中部两侧各 1 个。前胸背板宽约是长的 2 倍，两侧缘较平直，向前略膨扩；表面显凸，具刻点。小盾片三角形，光洁无刻点。鞘翅刻点细密，雄虫在小盾片后中缝处有浅凹。雄虫末节腹板三叶状。后足第 1 跗节长于其余节之和，爪附齿式。

生物学特性： 为害豆科、瓜类、柳、水杉等。

内蒙古锡林浩特　豆长刺萤叶甲（2021 年 8 月 2 日）

跗粗角萤叶甲 *Diorhabda tarsalis* Weise

分类地位：鞘翅目 Coleoptera，叶甲科 Chrysomelidae。

分布范围：辽宁、宁夏、甘肃、青海、新疆、河北、山西、云南；蒙古，俄罗斯。

形态特征：体长 5.4~6.0 mm，宽 2.5~3.0 mm。体黄褐色，触角第 5~11 节黑色，头顶及前胸背板中部各具 1 个黑色斑，腹部各节基半部黑色。头顶具中沟及较粗的刻点；额瘤长方形，在其后为较密集的粗刻点；触角达鞘翅基部，第 2 节最短。前胸背板宽为长的 2 倍，侧缘具发达边框，盘区中部两侧各有 1 个大凹窝，表面具粗大刻点。小盾片半圆形，具密集刻点及毛。鞘翅基部窄，中部之后变宽，肩角突出，盘区刻点粗密；折缘基部宽，中部之后变窄，直达端部。足腿节粗大，具刻点及网纹。

生物学特性：取食甘草 *Glycyrrhiza* spp.。本种在我国西北地区 1 年发生 3 代，以成虫越冬，翌年平均气温 10~15 ℃开始活动。幼虫 4 龄，啃食甘草叶。成虫、幼虫重叠发生，为害严重时仅剩茎秆和叶脉。

宁夏盐池　跗粗角萤叶甲（2021 年 8 月 20 日）

宁夏盐池　蹦粗角萤叶甲幼虫（2021 年 8 月 20 日）

宁夏盐池　跗粗角萤叶甲（2021 年 8 月 20 日）

宁夏盐池　跗粗角萤叶甲（2021 年 8 月 20 日）

沙葱萤叶甲 *Galeruca daurica* (Joannis)

分类地位：鞘翅目 Coleoptera，叶甲科 Chrysomelidae。

分布范围：内蒙古、新疆、甘肃。

形态特征：体长约 7.50 mm，宽约 5.95 mm，长卵形，雌虫体型略大于雄虫。羽化初期虫体为淡黄色，逐渐变为乌金色，具光泽。触角 11 节，第 7~11 节较第 2~5 节稍粗。复眼较大，卵圆形，明显突出。头、前胸背板及足黑褐色，前胸背板横宽，长宽之比约为 3 ∶ 1，表面拱突，上覆瘤突。小盾片呈倒三角形，无刻点。鞘翅缘褶及小盾片为黑色。鞘翅由内向外排列成 5 条黑色条纹，内侧第 1 条紧贴边缘，第 3、第 4 条短于其他 3 条，第 2、第 5 条末端相连。端背片上有 1 条黄色纵纹，具极细刻点。腹部共 5 节，初羽化的成虫腹部末端遮盖于鞘翅内，取食生活一段时间以后腹部逐渐膨大，腹末端外露于鞘翅，越夏期间收缩于鞘翅。雌虫腹部末端为椭圆形，有 1 条“一”字形裂口，交配后腹部膨胀变大。雄虫末端亦为椭圆形，腹板末端呈两个波峰状凸起。

生物学特性：2009–2014 年，该虫在呼伦贝尔市、锡林郭勒盟、乌兰察布市、巴彦淖尔市、阿拉善盟等地暴发成灾，为害面积 308.4 万 hm^2，造成牧草直接损失 13.9 亿 kg，折合人民币 4.2 亿元，对草原生态安全和畜牧业持续健康稳定发展构成了严重威胁。该虫 1 年发生 1 代，以卵在牛粪、石块及草丛下越冬，越冬卵多结成块状，外附有土和沙粒。虫卵外壳初产为淡黄色、后变为金黄色，较硬。在内蒙古草原地区，越冬卵最早于 4 月上中旬开始孵化，盛期在 4 月下旬。幼虫共分 3 龄，随龄期增大取食量也随之增加。幼虫期仅取食百合科葱属植物。喜取食较嫩的叶茎，取食野韭菜时沿叶面边缘啃食，寄主为沙葱、多根葱时，啃食植物叶茎。该虫幼虫期为害严重，可将沙葱等百合科葱属植物地上部分取食殆尽，仅剩根茬。取食过后多附在植物根部。幼虫在上午 10 点后较活跃，气温较高时常躲在寄主基部。具有较强爬行能力，当寄主食物缺少时，有群体迁移现象。幼虫具有假死性，幼虫在寄主植物上有群集性。在 15~27 ℃条件下，幼虫期为 46.4~17.8 d。5 月中旬老熟幼虫停止取食后，开始聚集于牛粪、石块及草丛下结土室化蛹，在 15~27 ℃条件下，蛹期为 16.9~5.8 d。6 月上旬成虫开始羽化，羽化初期成虫大量取食，为害百合科葱属植物，腹部逐渐膨大。7 月上旬进入蛰伏期，在牛粪、石块下及芨芨草等丛生植物根部越夏。成虫在寄主上有群集性，整个成虫期为 3~4 个月，夏季高温季节很少取食，以滞育状态越夏。8 月下旬再次取食补充营养。据室内观察，24 ℃条件下，成虫取食 5~9 d 后开始交配产卵。雌雄虫可多次交尾，雌虫一生产卵 1 或 2 次，直至死亡。交尾时雄虫前足附在雌虫背上，交配时间为 50~90 min。交尾后 3~6 d 开始产卵，常产于牛粪、石块及针茅丛下，每次产卵为 37~80 粒。成虫仅取食百合科葱属植物，成虫初期食量较大，但取食周期较短且在夏季发生滞育，总取食量低于幼虫期。

内蒙古四子王旗　沙葱萤叶甲（2012 年 9 月 1 日）

内蒙古四子王旗　沙葱萤叶甲卵和成虫（2014 年 9 月 25 日）

内蒙古四子王旗　沙葱萤叶甲生境（2010 年 5 月 21 日）

内蒙古四子王旗　沙葱萤叶甲蛹（2012 年 6 月 6 日）

内蒙古四子王旗　沙葱萤叶甲幼虫（2010 年 5 月 21 日）

内蒙古四子王旗　沙葱萤叶甲幼虫（2010 年 5 月 23 日）

内蒙古锡林浩特　沙葱萤叶甲幼虫（2021 年 5 月 3 日）

黑脊萤叶甲 *Galeruca nigrolineata* Mannerheim

分类地位：鞘翅目 Coleoptera，叶甲科 Chrysomelidae。

分布范围：内蒙古、新疆；蒙古，哈萨克斯坦，吉尔吉斯斯坦。

形态特征：体长 9.0~11.0 mm，宽 5.5~6.0 mm。体长椭圆形。头、触角、前胸背板、小盾片、腹面及足、中缝以及鞘翅的脊黑褐色至黑色，唇基及鞘翅黄色。头顶具粗大刻点，有中沟；额瘤很发达，其上具粗刻点，每个刻点内含 1 根毛；瘤间为深的凹陷。触角长超过鞘翅基部的 1/3，第 1 节棒状，除此外端节最长。前胸背板宽为长的 1.5 倍，基部窄，中部之后变宽，两侧较圆，具明显边框；基缘在两后角处具边框，前后缘各具 1 排灰色毛；盘区具 2 个浅洼及密集的刻点。小盾片舌形，具刻点，刻点内具毛。鞘翅肩胛稍隆，基部与前胸背板等宽，端部圆阔，宽于基部；每个鞘翅具 4 条发达的脊，第 1 与第 4、第 2 与第 3 脊分别在端部相接；鞘翅上的刻点较前胸背板细，每两条脊间的刻点基本排列为 4 行。

生物学特性：为害蒿类植物。

新疆巩乃斯　黑脊萤叶甲（2022 年 8 月 3 日）

新疆巩乃斯　黑脊萤叶甲（2022 年 8 月 3 日）

新疆巩乃斯　黑脊萤叶甲（2022 年 8 月 1 日）

阔胫萤叶甲 *Pallasiola absinthii* (Pallas)

分类地位：鞘翅目 Coleoptera，叶甲科 Chrysomelidae。

分布范围：北京、陕西、宁夏、甘肃、青海、新疆、内蒙古、黑龙江、吉林、辽宁、河北、四川、云南、西藏；俄罗斯，蒙古，吉尔吉斯斯坦。

形态特征：体长 6.5~7.5 mm。全身被毛，体黄褐色，头后半部、触角、小盾片、鞘缝黑色，前胸背板中央为 1 个黑色横斑，鞘翅有 3 条黑色纵线，其中外侧 2 条在近翅端处相连或不连。

生物学特性：成虫和幼虫取食多种蒿（如驴驴蒿 *Artemisia dalailamae*），雌成虫会膨腹。

内蒙古锡林浩特　阔胫萤叶甲（2021 年 8 月 3 日）

内蒙古锡林浩特　阔胫萤叶甲（2021 年 8 月 1 日）

内蒙古锡林浩特　阔胫萤叶甲（2021 年 8 月 18 日）

内蒙古锡林浩特　阔胫萤叶甲（2021 年 8 月 18 日）

内蒙古锡林浩特　阔胫萤叶甲（2021 年 8 月 18 日）

内蒙古锡林浩特　阔胫萤叶甲（2021 年 8 月 18 日）

内蒙古锡林浩特　阔胫萤叶甲（2021 年 8 月 3 日）

内蒙古锡林浩特　阔胫萤叶甲（2021 年 8 月 28 日）

榆绿毛萤叶甲 *Pyrrhalta aenescens* (Fairmaire)

分类地位：鞘翅目 Coleoptera，叶甲科 Chrysomelidae。

分布范围：吉林、内蒙古、甘肃、河北、山东、山西、陕西、河南、江苏、台湾。

形态特征：体长 7.5~9.0 mm，宽 3.5~4.0 mm。体长形，全身被毛。橘黄至黄褐色，头顶及前胸背板分别具 1 和 3 个黑斑；触角背面黑色，鞘翅绿色。额唇基隆突，额瘤明显，光亮无刻点；头顶刻点颇密。触角短，伸达鞘翅肩胛之后，第 3 节长于第 2 节，第 3~5 节近于等长。前胸背板宽大于长，两侧缘中部膨，前、后缘中央微凹；盘区中央具宽的浅纵沟，两侧各有 1 个近圆形深凹，刻点细密。小盾片较大，近方形。鞘翅两侧近于平行，翅面具不规则的纵隆线，刻点极密。足较粗壮，爪双齿式。雄虫腹部末节腹板后缘中央凹缺深，臀板顶端向后伸突；雌虫腹部末节腹板顶端为 1 个小缺刻。幼虫 3 对胸足发达，身体各部位均生长毛。

生物学特性：为害榆等林木及幼苗。成虫及幼虫均食叶，可把叶子吃光而仅留粗叶脉。1 年发生 2 代，成虫于土内、砖块下、杂草间、墙缝和屋檐等处越冬。翌年春天成虫开始活动，产卵于叶背面，成块，每块十几粒，成双行整齐排列，卵顶端尖。卵期 7~10 d。幼虫 4 龄，生活于叶面。老熟幼虫在树干、分叉处及树皮缝等处化蛹，蛹期 10~15 d。

内蒙古科尔沁右翼中旗　榆绿毛萤叶甲（2021 年 9 月 6 日）

内蒙古科尔沁右翼中旗　榆绿毛萤叶甲（2021 年 9 月 6 日）

内蒙古科尔沁右翼中旗　榆绿毛萤叶甲（2021 年 9 月 6 日）

内蒙古科尔沁右翼中旗　榆绿毛萤叶甲（2021 年 9 月 6 日）

内蒙古科尔沁右翼中旗　榆绿毛萤叶甲（2021 年 9 月 6 日）

榆黄毛萤叶甲 *Pyrrhalta maculicollis* (Motschulsky)

分类地位： 鞘翅目 Coleoptera，叶甲科 Chrysomelidae。

分布范围： 黑龙江、吉林、辽宁、甘肃、河北、山西、山东、陕西、河南、江苏、浙江、江西、福建、台湾、广东、广西；朝鲜，日本，俄罗斯。

形态特征： 体长 6.0~7.5 mm，宽 3.0~3.3 mm。体长形。黄褐色至褐色，触角大部分及头顶斑黑色，前胸背板具 3 条黑色纵斑纹，鞘翅肩部、后胸腹板以及腹节两侧均呈黑褐色或黑色。额唇基及触角间隆突颇高，额瘤近方形，表面具刻点；头顶刻点粗密。触角短，不及翅长的 1/2，第 3 节稍长于第 2 节，以后各节大体等长。前胸背板宽是长的 2 倍，两侧缘中部膨宽；盘区刻点与头顶相似，中部两侧各有 1 个大凹。小盾片近方形，刻点密。两侧近于平行，翅面刻点密集，较背板为大。雄虫腹部末端中央呈半圆形凹陷，雌虫呈三角形凹缺，之前是圆形凹陷。足粗壮。

生物学特性： 为害榆树。

辽宁兴城　榆黄毛萤叶甲（2021 年 7 月 22 日）

辽宁兴城　榆黄毛萤叶甲（2021 年 7 月 22 日）

象虫总科 Curculionoidea　　象虫科 Curculionidae

大眼象亚科 Conoderinae

驳色泛船象 *Cosmobaris scolopacea* (Germar)

分类地位：鞘翅目 Coleoptera，象虫科 Curculionidae。

分布范围：北京、黑龙江、吉林、内蒙古、陕西、甘肃、新疆、浙江、江苏、福建、香港、四川；俄罗斯，朝鲜，韩国，日本，哈萨克斯坦，塔吉克斯坦，土库曼斯坦，乌兹别克斯坦，伊朗，亚美尼亚，欧洲，北美洲，非洲。

形态特征：体细长，体壁黑色，体表密被白色、黄色和褐色的鳞片，前胸背板背面基部和两侧被覆鳞片，鳞片形成的不规则斑点变化较多；喙略弯，具刻纹，与头和前胸背板的长度之和相等；前胸宽大于长，两侧略凸圆，向前逐渐狭缩，前胸背板刻点较大而圆，密集；小盾片小，舌状，黑色发亮，不被覆鳞片；鞘翅细长，略宽于前胸，具肩，两侧几乎平行，从翅坡处开始，突然狭缩成钝圆的端部，行纹较宽而深，明显，行间平坦，行间宽度为行纹宽度的 2~3 倍，行间上的刻点极小而稀疏。

生物学特性：主要以苋科、甜菜、地中海盐木、藜草等植物为食。

内蒙古锡林浩特　驳色泛船象（2021 年 6 月 17 日）

内蒙古锡林浩特　驳色泛船象（2021 年 6 月 17 日）

内蒙古锡林浩特　驳色泛船象（2021 年 6 月 17 日）

内蒙古锡林浩特　驳色泛船象（2021 年 5 月 28 日）

斯迪林龟象 *Zacladus stierlini* (Schultze)

分类地位：鞘翅目 Coleoptera，象虫科 Curculionidae。

分布范围：北京、内蒙古、河北；俄罗斯。

形态特征：触角索节 7 节，触角棒纺锤状，均匀被覆绒毛。前胸背板凸圆，两侧无瘤突，前胸腹板的胸沟延伸至后胸腹板。鞘翅短，长仅略大于宽，两侧凸圆，鞘翅奇偶行间均不具隆脊，每行间具 1 列尖锐的瘤突。腿节具小齿，胫节端部具较长的梳状刚毛。

生物学特性：主要以牻牛儿苗科牻牛儿苗属 *Erodium*、老鹳草属 *Geranium* 等植物为食。

内蒙古锡林浩特　斯迪林龟象（2022 年 7 月 13 日）

内蒙古锡林浩特　斯迪林龟象（2021 年 6 月 18 日）

内蒙古锡林浩特　斯迪林龟象（2021 年 6 月 18 日）

象虫亚科 Curculioninae

元宝槭籽象 *Bradybatus keerqinensis* Lü et Zhang

分类地位：鞘翅目 Coleoptera，象甲科 Curculionidae。

分布范围：内蒙古。

形态特征：黑色至红褐色；雄虫体长 4.7~5.3 mm，雌虫体长 4.95~5.33 mm；两性喙的基部都有纵向的棱纹；前胸背板宽度是长度的 1.21~1.27 倍，基部 1/4 处明显缢缩，具有密集的圆形深刻点和黄褐色鳞片，无纵向带；鞘翅长度是宽度的 1.85~2 倍，两侧近于平行，基部 4/5 处明显收缩，行间宽度大致相同，行纹深，除了中间部分外，均密集覆盖鳞片，无斜带或横带；小盾片小，椭圆形，密被灰褐色鳞片；足上密被灰褐色鳞片，前足腿节非常粗壮，内缘凹陷，有小齿，中足腿节和后足腿节的齿退化为小突起，胫节无齿，爪基部有 2 个小齿；阳茎均匀弯曲成“C”形；中部两侧平行，端部明显窄，阳茎突粗大；阳茎基完整；中叶长；储精囊“C”形，有一个细长端部的角凸圆；体躯细；支缺失。

生物学特性：该种的寄主是元宝槭 *Acer truncatum*，寄生在其种子中。1 年 1 代，成虫羽化前，受损的翅果完整无孔。卵阶段未知。幼虫不能越冬，但在 9 月中旬仍可发现。蛹期从 7 月中旬到 9 月底，持续 10~15 d。成虫羽化阶段从 7 月底到 10 月初。成虫在 8 月中旬到 9 月中旬或 9 月初从种子中羽化而出。成虫通常在枯叶、岩石下或树皮缝隙中越冬。寄主植物的损害率为 57%~100%，而寄主种子的损害率为 30%~100%，平均损害率为 68%。

内蒙古科尔沁右翼中旗　元宝槭籽象（2021 年 8 月 11 日）

内蒙古科尔沁右翼中旗　元宝槭籽象（2021 年 7 月 21 日）

内蒙古科尔沁右翼中旗　元宝槭籽象幼虫　元宝槭（2021 年 7 月 21 日）

内蒙古科尔沁右翼中旗　元宝槭籽象蛹　五角枫（2021 年 7 月 21 日）

苜蓿籽象 *Tychius aureolus* Kiesenwetter

分类地位： 鞘翅目 Coleoptera，象甲科 Curculionidae。

分布范围： 甘肃、内蒙古、江西、新疆；欧洲，亚洲南部，埃及。

形态特征： 体长 2.0~2.6 mm，体壁深棕色，触角和足红色，背部鳞片致密，窄，较长，矩形到近椭圆形，黄色到灰色，行间 1 和鞘翅两侧颜色较浅。喙在端部 1/2 处明显收窄（喙长 / 喙宽，雄虫 3.75~4.67，雌虫 4.85~5.00；喙长 / 前胸背板长，雄虫 0.82~0.90，雌虫 0.88~0.94）。触角索节 7 节。眼外突。前胸背板横向（前胸背板宽 / 长 1.14），两侧略圆，中前部最宽，较外突。鞘翅（鞘翅长 / 宽 1.32~1.39；鞘翅宽 / 前胸背板宽 1.23~1.35），近卵圆形，两侧较圆，基部一半最宽，略外突。腿节有不明显的齿，雄虫前足腿节有刚毛状的鳞片穗。前足胫节雌雄无差异。跗爪粗壮，是爪长的 2/3。雄虫生殖器阳茎体窄，从基部到端部两侧近平行到略膨大，尖端不明显，与垂体同长。雌虫生殖器储精囊小，粗壮，导管短；交配刺基部 1/4 相交，向端部收窄。

生物学特性： 取食苜蓿属 *Medicago* 植物（如紫苜蓿 *M. sativa* L.、野苜蓿 *M. falcata* L. 和 *M. prostrata* Jacq.），也可能取食草木樨属 *Melilotus* 和车轴草属 *Trifolium* 植物。

内蒙古锡林浩特　苜蓿籽象（2021 年 8 月 18 日）

内蒙古锡林浩特　苜蓿籽象（2021年8月18日）

粗喙籽象 *Tychius crassirostris* Kirsch

分类地位：鞘翅目 Coleoptera，象甲科 Curculionidae。

分布范围：北京、河北、辽宁、山西、新疆；欧洲（除北部国家），亚洲西部和中部。

形态特征：体长 2.15~2.50 mm；背部鳞片致密，较窄，近椭圆形到近矩形，灰色；鞘翅行间鳞片略长。喙明显粗壮（喙长 / 喙宽，雄虫 3.63~3.76，雌虫 4.00~4.06；喙长 / 前胸背板长，雄虫 0.73~0.83，雌虫 0.77~0.87），侧面观在端部 1/3 急收缩。触角索节 7 节。眼大，略突出。前胸背板略横向（前胸背板宽 / 前胸背板长为 1.11~1.24），基部 1/2 略圆形。鞘翅较长（鞘翅宽 / 前胸背板宽为 1.21~1.36；鞘翅长 / 鞘翅宽为 1.40~1.55），基部两侧圆形，基部 1/2 处最宽。后足腿节有小而尖锐的齿。雄虫前足腿节有鳞片穗。前足胫节有长鳞片，没有雌雄差异。跗爪较粗壮，是爪长的 1/2。雄虫生殖器阳茎体两侧较弯，向端部变窄，尖端较钝，侧面观明显弯曲，与垂体同长。雌虫生殖器储精囊有小而短的导管，颈短；交配刺基部相交略骨化，向端部明显骨化并分离，端部接合。

生物学特性：该种取食草木樨属 *Melilotus* 植物（如草木樨 *Melilotus officinalis* G.、*Melilotus macrorhiza* Pers.、*Melilotus alba* Lam.），也可能取食苜蓿属 *Medicago* 植物（如紫苜蓿 *Medicago sativa* L.、野苜蓿 *Medicago falcata* L)。

内蒙古锡林浩特　粗喙籽象（2021 年 8 月 18 日）

内蒙古锡林浩特　粗喙籽象（2021 年 8 月 18 日）

尖喙籽象 *Tychius junceus* (Reich)

分类地位：鞘翅目 Coleoptera，象甲科 Curculionidae。

分布范围：新疆、内蒙古；欧洲，亚洲西部和南部，摩洛哥。

形态特征：体长 2.2~2.6 mm，体壁深棕色，触角和足红色；背部鳞片致密，窄，较长，矩形到椭圆形，黄色到灰色。喙在端部 1/2 处明显收窄（喙长 / 喙宽，雄虫为 3.82~4.13，雌虫为 4.19~4.38；喙长 / 前胸背板长，雄虫为 0.70~0.81，雌虫为 0.80~1.08）。触角索节 7 节。眼较凸。前胸背板横向（前胸背板宽 / 前胸背板长为 1.10~1.23），两侧较圆，中前端最宽，略凹。鞘翅短（鞘翅宽 / 前胸背板宽为 1.20~1.30；鞘翅长 / 鞘翅宽为 1.29~1.41），心形，中缝处明显凹。腿节有不明显的齿。前足腿节和前足胫节雌雄无差异。跗爪较粗壮，是爪长的 2/3。雄虫生殖器阳茎体两侧近平行，端部明显缢缩，有长而尖的尖端，比垂体略短。雌虫生殖器储精囊导管短，端部膨大，颈小而短，结节不明显；交配刺基部不明显骨化，向端部变细，明显骨化且分离。

生物学特性：主要为害车轴草属 *Trifolium* 植物（如兔足三叶草 *Trifolium arvense* L.、红车轴草 *Trifolium pratense* L.）和草木樨属 *Melilotus* 植物（草木樨 *Melilotus officinalis* G.、*Melilotus arvensis* Walb. 和 *Melilotus macrorhiza* Pers.）。

内蒙古锡林浩特 尖喙籽象（2022 年 8 月 24 日）

内蒙古锡林浩特　尖喙籽象（2022 年 8 月 24 日）

骆驼刺籽象 *Tychius winkleri* (Franz)

分类地位：鞘翅目 Coleoptera，象甲科 Curculionidae。

分布范围：新疆，内蒙古；俄罗斯南部，高加索地区，埃及，亚洲西部和中部。

形态特征：体长 2.2~2.6 mm，背部鳞片均匀，灰色到浅棕色，鞘翅行间 1 和鞘翅两侧色浅。喙弯曲（喙长 / 喙宽，雄虫为 5.33~5.42，雌虫为 5.25~5.83；喙长 / 前胸背板长，雄虫为 0.77~0.85，雌虫为 0.84~0.93），背面观端部收窄，侧面观两侧近平行，明显性二型。前胸背板（前胸背板宽 / 前胸背板长为 1.13~1.23）从基部到端部两侧圆，明显比鞘翅窄（鞘翅宽 / 前胸背板宽为 1.20~1.30；鞘翅长 / 鞘翅宽为 1.40~1.55）。腿节无齿，胫节雌雄无差异。跗节 3 比跗节 2 宽。跗爪小，是爪长的 1/2，基部与爪 1/2 融合。雄虫生殖器阳茎体在基部 2/3 膨大，随后向端部急收窄，尖端小而钝，与垂体近同长。雌虫生殖器储精囊钩状；交配刺臂基部 1/3 相交，中部明显收窄，在端部相接。

生物学特性：主要为害骆驼刺 *Alhagi pseudalhagi* (M. Bieb.)。

内蒙古锡林浩特　骆驼刺籽象（2022 年 8 月 9 日）

内蒙古锡林浩特　骆驼刺籽象（2022 年 8 月 9 日）

内蒙古锡林浩特　骆驼刺籽象（2022 年 8 月 9 日）

粗喙象亚科 Entiminae

亥象 *Callirhopalus sedakowii* Hochhuth

分类地位：鞘翅目 Coleoptera，象虫科 Curculionidae。

分布范围：甘肃、河北、内蒙古、青海、陕西、山西；俄罗斯，蒙古。

形态特征：体长 3.5~4.5 mm，宽 1.9~2.6 mm。体卵状球形，体壁黑色，触角、足黄褐色，发红，被覆石灰色圆形鳞片，前胸有褐色纹 3 条，鞘翅行间 4 之间有褐斑 1 个，其后缘为弧形，长达鞘翅中间，这个斑的后边、外边形成 1 个较淡的斑点，两斑之间显出 1 个灰色“U”形条纹，触角和足散布较长的毛，鞘翅行间有 1 行很短而倒伏的毛，头部和前胸的毛很稀。头部和前胸往往有 1 条很细的中沟，鞘翅行纹也很细。雄虫较小，腹部较瘦，腹部末节较短而呈钝圆形。

生物学特性：主要为害甜菜、土豆、茵陈蒿等植物。

内蒙古锡林浩特　亥象（2022 年 6 月 19 日）

内蒙古锡林浩特　亥象（2022 年 6 月 19 日）

内蒙古锡林浩特　亥象（2021 年 5 月 21 日）

内蒙古锡林浩特　亥象（2021 年 5 月 21 日）

西伯利亚绿象 *Chlorophanus sibiricus* Gyllenhyl

分类地位：鞘翅目 Coleoptera，象虫科 Curculionidae。

分布范围：北京、黑龙江、吉林、辽宁、甘肃、河北、内蒙古、宁夏、新疆、青海、四川、陕西、山西、浙江、湖北、湖南；俄罗斯，朝鲜，日本，蒙古，哈萨克斯坦，塔吉克斯坦，希腊。

形态特征：雄虫体长 9.3~9.4 mm，宽 3.4~3.7 mm；雌虫体长 10.1~10.7 mm，宽 3.8~4.3mm。体黑色，密被淡绿色鳞片，前胸两侧和鞘翅行间 8 的鳞片黄色，胫节和腿节较发光，胫节还发红。喙长大于宽，两侧平行，中隆线很明显，延长到头顶，边隆线较钝，尤其是雌虫；触角沟指向眼，不向下弯；柄节长仅达到眼的前缘，索节 1 短于索节 2，索节 3 长约等于索节 1，索节 3~7 长大于宽。前胸宽大于长，基部最宽，后角尖，从基部至中间近于平行，中间前逐渐缩窄，背面扁平，散布横皱纹，有时皱纹不很明显，近两侧鳞片较稀，外侧被覆黄色鳞片，形成纵纹。小盾片三角形，色较淡。行纹刻点深，中间以后不明显，行间 8 被覆黄色鳞片，其余被覆均一的绿色鳞片，雄虫锐突较长。雌虫的喙在边隆线之内凹成浅沟，浅沟向内突出成亚边隆线，喙与前胸短于雄虫，鞘翅锐突较短。

生物学特性：主要以柳树、苹果、杨树等多种植物为食。

内蒙古科尔沁右翼中旗　西伯利亚绿象（2023 年 7 月 20 日）

内蒙古科尔沁右翼中旗　西伯利亚绿象（2021 年 7 月 8 日）

内蒙古科尔沁右翼中旗　西伯利亚绿象（2021 年 7 月 8 日）

石纹高粱象 *Corigetus marmoratus* Desbrochers des Loges

分类地位：鞘翅目 Coleoptera，象虫科 Curculionidae。

分布范围：河北、黑龙江、吉林、内蒙古、陕西、山西；俄罗斯，蒙古。

形态特征：体长 4.0 mm；体被覆圆形、金属质感的绿色鳞片。触角细长。头部和触角一样覆盖密集的鳞片，额与触角柄节等宽，眼睛扁平，椭圆形，几乎不突出于头部轮廓。前胸背板横向，基部双凸，中部最宽。鞘翅长为宽的 2 倍，行纹深而狭窄，行间平坦。鳞片绿色，部分铜色。每个行间上都具 1 排紧贴的毛。足上的齿不锋利。

生物学特性：未见报道。

内蒙古锡林浩特　石纹高粱象（2022 年 6 月 19 日）

内蒙古锡林浩特　石纹高粱象（2022 年 6 月 19 日）

内蒙古锡林浩特　石纹高粱象（2022 年 6 月 19 日）

内蒙古锡林浩特　石纹高粱象（2022 年 6 月 17 日）

黄柳叶喙象 *Diglossotrox mannerheimii* Lacordaire

分类地位：鞘翅目 Coleoptera，象虫科 Curculionidae。

分布范围：北京、甘肃、吉林、辽宁、内蒙古、陕西；俄罗斯，蒙古。

形态特征：雄虫体长 9.6~12.0 mm，宽 4.4~4.8 mm；雌虫体长 11.4~11.8 mm，宽 5.6~5.8 mm。体形较大，宽卵形，黑色，被覆大小、形状和色泽不同的两种鳞片。小鳞片圆形，褐色，略发光，互相接近而不互相覆盖；大鳞片石灰色，短披针形，互相覆盖，几乎不发光或发乳白光或磁光，2 倍于小鳞片大小，其数量少得多，鳞片间散布褐色短毛。头、喙被覆圆形发乳白或磁光的白色鳞片，散布较长的褐色毛；喙向前略缩窄，前端两侧的叶状体向上向前突出，背面中沟宽而深，长达额顶；触角柄节长达眼中部，端部粗 2 倍于基部，索节 1 长 2 倍于宽，长于索节 2，索节 2 长大于宽，其他节长小于宽，索节 7 接近棒，棒长卵圆形，端部相当尖，宽于索节，各节界限分明；眼近于圆形，颇扁。前胸宽略大于长，中部前最宽，两侧均一圆形，前后缘略有边，表面散布刻点，有 3 条明显的暗纹，暗纹刻点镶嵌小而圆的褐色鳞片，由于刻点间距较大，遂使基部露出，色较暗，中纹和边纹之间被覆大型石灰色几乎不发光的鳞片，从而形成两条淡纹，淡纹的前后端互相接近，中间向外突出，呈弓形，边纹之外也被覆较密而长的不发光的石灰色鳞片。小盾片三角形，石灰色。鞘翅无肩，宽卵形，宽近于前胸的 2 倍，两侧边缘略凹，端部钝圆，有时缩成向上突出的短锐突，背面高出突出，主要被覆褐色小鳞片，仅两侧端部和沿行纹的一些斑点被覆石灰色大鳞片，行纹宽而深，刻点稀，行间扁平。足密被扁圆石灰色发乳白光泽的鳞片和相当的长毛。雄虫翅坡的毛长，腹部末节基部两侧无沟纹，端部钝圆；雌虫翅坡的毛较短，腹板末节基部两侧有沟纹，端部尖。

生物学特性：主要以黄柳等植物为食。

内蒙古锡林浩特　黄柳叶喙象（2021 年 5 月 20 日）

金绿球胸象 *Piazomias virescens* Boheman

分类地位：鞘翅目 Coleoptera，象虫科 Curculionidae。

分布范围：北京、河北、黑龙江、吉林、内蒙古、山西、山东；俄罗斯。

形态特征：雄虫体长 4.3~4.9 mm，宽 1.7~2.1 mm；雌虫体长 5.2~6.5 mm，宽 2.3~2.9 mm。全身密被均一绿色发金属光泽或金黄色鳞片和鳞片状毛，有时鳞片呈鲜艳铜绿色，发蓝，完全无光泽。行间 8~11，形成明显的条纹。触角和足褐色至暗褐色。头光滑；喙向前端缩窄，背面两侧有明显的隆线；触角沟的上缘延长至眼，和喙的隆线构成三角形窝，窝相当深，从上面看得见；触角柄节长达眼中部，索节 7 长大于宽；额或窄（♂）或宽（♀）；眼颇凸，长大于宽。前胸宽大于长，雄虫长为宽的 0.74 倍，雌虫长为宽的 0.62 倍，两侧凸圆，中间最宽，后缘宽大于前缘，有刀刃状隆线，后缘前缢缩为浅沟，中沟缩短或完全不存在，表面光滑，往往有 3 条暗的条纹。鞘翅卵形（♂）或宽卵形（♀），宽几乎等于前胸基部，以致前胸和鞘翅连成一体；前缘隆线明显，两侧凸圆，表面光滑，行间 8~11，形成边纹；刻点行宽，行间扁，毛明显。胫节内缘有一排长的齿，足与腹部发强光。

生物学特性：主要以大豆、锦鸡儿、甘草、大麻、荆条等植物为食。

内蒙古锡林浩特 金绿球胸象（2022 年 7 月 13 日）

内蒙古锡林浩特　金绿球胸象（2022 年 7 月 13 日）

内蒙古锡林浩特　金绿球胸象（2022 年 7 月 13 日）

内蒙古锡林浩特　金绿球胸象（2022 年 7 月 13 日）

黑龙江根瘤象 *Sitona amurensis* Faust

分类地位：鞘翅目 Coleoptera，象虫科 Curculionidae。

分布范围：北京、河北、黑龙江、辽宁、内蒙古、甘肃、宁夏、陕西、山西、青海、新疆；俄罗斯，朝鲜，日本。

形态特征：体长 3.5~4.5 mm。体型细长而小，近圆筒形。喙短粗，上颚外面被覆鳞片。额略隆，具中沟，不呈屋顶状。头窄，眼很扁，头与眼宽度总和窄于前胸背板前缘之宽。前胸背板刻点大而密。前足基节前区宽，宽约等于前足基节后区。

生物学特性：未见报道。

内蒙古锡林浩特　黑龙江根瘤象（2022 年 7 月 13 日）

内蒙古锡林浩特　黑龙江根瘤象（2022 年 7 月 13 日）

内蒙古锡林浩特　黑龙江根瘤象（2022 年 7 月 13 日）

筒喙象亚科 Lixinae

沙蒿大粒象 *Adosomus grigorievi* Suvorov

分类地位： 鞘翅目 Coleoptera，象甲科 Curculionidae。

分布范围： 宁夏；俄罗斯。

形态特征： 体长 18.0~21.0 mm。体黑褐色，被覆白色毛状鳞片。喙发达，中隆线强隆起，基部两侧具纵凹。胸部和腹部具大小不等近圆形斑点，中部的较大，前胸背板及中部具白色纵纹，鞘翅具白色纵带，中部 2 条较细。

生物学特性： 取食花棒、沙蒿。

宁夏中卫　沙蒿大粒象（2022 年 5 月 31 日）

宁夏中卫　沙蒿大粒象幼虫（2023 年 3 月 12 日）

宁夏中卫　沙蒿大粒象幼虫（2023 年 3 月 12 日）

甜菜象 *Asproparthenis punctiventris* (Germar)

分类地位：鞘翅目 Coleoptera，象虫科 Curculionidae。

分布范围：北京、黑龙江、吉林、辽宁、内蒙古、河北、陕西、山西、山东、河南、宁夏、甘肃、青海、新疆；俄罗斯，蒙古，巴基斯坦，阿富汗，伊朗，伊拉克，土库曼斯坦，哈萨克斯坦，土耳其，叙利亚，以色列，塔吉克斯坦，吉尔吉斯斯坦，乌兹别克斯坦，阿塞拜疆，亚美尼亚，格鲁吉亚，欧洲，非洲北部。

形态特征：体长 12.0~14.0 mm，宽 4.9~5.6 mm。体长椭圆形，体壁黑色，密被分裂为 2~4 叉的灰色至褐色鳞片，唯喙端部被覆线形鳞片。前胸和鞘翅两侧以及足和身体腹面的鳞片之间散布灰白色毛。喙长而直，端部略向下弯，并略放粗，中隆线细而隆、长达额，两侧有相当深的沟，背面隆线明显，在中间以后分成两叉；索节 2 远长于索节 1，索节 7 较其余索节粗得多，与棒连成一体；额隆，中间有小窝；眼半圆形，扁平。前胸宽大于长，向前强缩窄，基部最宽，前端仅约为基部的 2/3，两侧缢缩，前缘中间较突出，呈深二凹形，后缘中间略向后突出，两侧前端有明显的眼叶，背面后端中间凹，中隆线明显，散布小刻点，小刻点间散布大刻点；背面的鳞片形成 5 个条纹，中纹最宽，较暗，向前强缩窄，其余四纹较淡，里面的两纹细而弯曲，延长到鞘翅行间 4 基部，外面的两纹宽。小盾片三角形，往往被周围的鳞片遮蔽。鞘翅长小于宽的 2 倍，中间后最宽，肩和翅瘤明显，中间有 1 条暗褐色短斜带，行间 4 基部两侧和翅瘤外侧较暗。行纹细，不太明显，散布较细的二叉形鳞片，行间扁平，仅 3、5、7 基部较隆。足和腹部散布黑色雀斑。雌雄区别很明显，雄虫较瘦，腹部基部有 1 个扁而宽的窝，前足跗节 3 长于跗节 2，跗节 1~2 腹面的一部分为海绵状，跗节 3 腹面全部为海绵状。雌虫较胖，腹部基部隆，前足跗节 3 长等于跗节 2，跗节 3 腹面有象雄虫跗节 1、2 的海绵体，跗节 2 腹面仅有 1 个很小的海绵体。

生物学特性：主要以甜菜，藜科、苋科等植物为食。

内蒙古锡林浩特　甜菜象（2022 年 7 月 1 日）

内蒙古锡林浩特　甜菜象（2021 年 4 月 23 日）

内蒙古锡林浩特　甜菜象（2021 年 6 月 17 日）

内蒙古锡林浩特　甜菜象（2021 年 6 月 17 日）

黑斜纹象 *Bothynoderes declivis* (Olivier)

分类地位： 鞘翅目 Coleoptera，象虫科 Curculionidae。

分布范围： 北京、天津、河北、黑龙江、吉林、辽宁、内蒙古、甘肃、宁夏、青海、新疆、湖南、陕西、山西、山东；俄罗斯，朝鲜，蒙古，韩国，日本，哈萨克斯坦，吉尔吉斯斯坦，土库曼斯坦，塔吉克斯坦，乌兹别克斯坦，阿富汗，亚美尼亚，欧洲。

形态特征： 雄虫体长 7.5~10.0 mm，雌虫体长 9.0~11.5 mm。体略呈纺锤形。体壁黑色，被覆白色至淡褐色披针形鳞片。前胸背板和鞘翅两侧各有 1 条黑色光滑条纹。喙短而宽，且有些扁，短于前胸背板，从基部略缩窄，具基底隆凸的中隆线，中隆线前端分成两叉；触角柄节端部一侧放宽，索节 1 长等于宽，索节 2 长 2 倍于索节 1，索节 3~6 宽大于长，索节 7 近于棒，棒纺锤形；额宽于喙的基部；眼位于头的两侧，前缘弧形，后缘几乎直。前胸背板宽略大于长，基部略等于前端，前缘后缢缩，后缘中间突出，两侧几乎呈截断形，背面散布稀薄刻点，基部中间洼，两侧各具黑色光滑条纹，条纹具少数大刻点。小盾片不明显。鞘翅两侧几乎平行，中间以后略缩窄，端部 1/3 强缩窄，顶端分别缩成箭状突起；两侧各具与前胸背板两侧相连的黑色光滑条纹，条纹在中间前间断，从间断的两端向内各伸出 1 条短的斜带，条纹之内被覆白色至淡褐色鳞片，条纹之外被覆白色鳞片，与前胸背板两侧的白色部分连成白色条纹；沿黑色条纹的行纹刻点较大而明显，其他部分的行纹刻点被鳞片遮蔽，小得多，或不明显；行间扁平。身体腹面白色；腹部末 4 节有几乎模糊的斑点；足白色，腿节无齿。

生物学特性： 此虫 1 年发生 1 代，以成虫越冬。幼虫严重为害甜菜的幼苗，使幼苗枯死，造成缺苗断垄，被害株数多至 40%~50%。幼虫钻入甜菜根内为害，但很少能完成发育，仅在野生寄主中发育正常。其野生寄主是灰菜 *Chenopodium* sp.。成虫于 5 月上旬开始出土，当甜菜于 5 月下旬至 6 月上旬进入苗期时，开始产卵，卵产于根颈。卵圆形，长 0.48~0.50 mm，外面包以 1.5~2.0 mm 的胶囊，胶囊如土包，因此称为土包虫。孵化后，穿过胶囊，钻入幼根内为害。成虫为害甜菜叶片，有时整片吃掉。由于数量不大，所以成虫为害很轻。

内蒙古锡林浩特　黑斜纹象（2021 年 4 月 23 日）

二斑尖眼象 *Chromonotus bipunctatus* (Zoubkoff)

分类地位：鞘翅目 Coleoptera，象虫科 Curculionidae。

分布范围：北京、河北、黑龙江、吉林、辽宁、山西、内蒙古、甘肃、青海、新疆；俄罗斯，蒙古，哈萨克斯坦，吉尔吉斯斯坦，乌兹别克斯坦。

形态特征：体长 8.8 mm，宽 4.0 mm。体长椭圆形，体壁黑色。背面密被淡色和暗褐色针形鳞片，无倒伏毛，足和腹部密被较淡而分裂的鳞片，散布倒伏长毛。头顶中间有 1 条细而较淡的条纹，其两侧鳞片略较深，形成 2 个大斑点；在前胸背面，淡和暗的鳞片形成宽窄多变的纵纹 5 条，中间的 1 条最宽，两侧的 4 条较窄；沿行间 1 往往有一行暗褐色斑，鞘翅中间各有 1 个宽窄不定的暗褐色斜斑。此外，还有一些多变的暗褐色斑。其中行间 3、4 或仅行间 3 和 8、9 基部的 2 个斑以及翅瘤外面的 1 个斑比较固定。喙细长而直，向端部缩窄，端部略放宽，中隆线明显，其两侧各有 1 条浅沟；触角索节 2 远长于第 1 节；额隆，有 1 个中窝；眼扁，向下缩成一细尖。前胸背板圆锥形，后缘浅二凹形，前缘略呈截断形，背面中间后端凹，中隆线略明显，但往往被鳞片遮蔽。小盾片不明显。鞘翅长约达宽的 1.7 倍，肩明显，中间以后最宽，端部略缩成钝尖；行间 1、3、5、7 较隆起，行间 3、5、7 的基部尤为隆起，行间 5 端部扩大为翅瘤，色较淡。足和腹部散布雀斑。雄虫腹部基部中间凹，前足跗节 2、3 腹面都有海绵体。雌虫腹部基部略隆起，前足仅跗节 3 有海绵体。

生物学特性：主要为害甜菜。

内蒙古锡林浩特　二斑尖眼象（2021 年 6 月 18 日）

内蒙古锡林浩特　二斑尖眼象（2021 年 4 月 23 日）

内蒙古锡林浩特　二斑尖眼象（2021 年 4 月 23 日）

内蒙古锡林浩特　二斑尖眼象（2021 年 6 月 10 日）

中国方喙象 *Cleonis freyi* (Zumpt)

分类地位：鞘翅目 Coleoptera，象虫科 Curculionidae。
分布范围：北京、天津、黑龙江、吉林、甘肃、河北、内蒙古、陕西、山西、宁夏、广东。
形态特征：体长约 10.4 mm。喙有隆线 4 条，沟 5 条，触角沟前端从上面看得见；触角柄节相当长，端部粗，索节 2 略短于索节 1，其他节宽大于长，索节 7 较宽，近于棒，棒长椭圆形。眼扁。前胸近于圆锥形，前端 1/3 缩窄，基部中间角状，前胸背板和鞘翅的颗粒比较小。小盾片明显，被覆绵毛。鞘翅长椭圆形，肩很斜，基部宽于前胸，鞘翅的带比较窄而斜度大。后足跗节 1 相当长，跗节 2、3 两侧略较窄。
生物学特性：未见报道。

内蒙古锡林浩特　中国方喙象（2021 年 5 月 4 日）

内蒙古锡林浩特　中国方喙象（2021 年 5 月 4 日）

内蒙古锡林浩特　中国方喙象（2021 年 5 月 4 日）

内蒙古锡林浩特　中国方喙象（2021 年 5 月 4 日）

漏芦菊花象 *Larinus scabrirostris* (Faldermann)

分类地位：鞘翅目 Coleoptera，象虫科 Curculionidae。

分布范围：北京、河北、黑龙江、吉林、辽宁、内蒙古、山西；俄罗斯，朝鲜，蒙古，韩国。

形态特征：体长约 7.5 mm。体椭圆形，有时具硫黄色粉末。喙圆筒形，密布皱刻点，不发光，几乎不弯，长略短于前胸，粗略等于腿节，无或有很细的中隆线。前胸背板宽大于长，两侧直到中间以前略缩窄，其后突然扩圆，前缘以后缢缩；有明显的眼叶，背面较隆起，无中隆线，表面散布大而深的略密刻点，刻点间散布小刻点，被覆稀而短的几乎不明显的灰色毛，两侧散布略密而长的灰色毛。鞘翅长方形，宽于前胸背板，两侧平行，端部分别缩得钝圆，基部以后有深而长的洼；行纹明显，基部的行纹深而宽，近端部行纹刻点不明显，散布短而稀且聚集成斑点的灰色毛。前足胫节端部向外放宽，因此外缘中间向里弯。

生物学特性：寄主植物主要为漏芦 *Rhaponticum uniflorum* (L.)。

内蒙古锡林浩特 漏芦菊花象（2021 年 8 月 18 日）

内蒙古锡林浩特　漏芦菊花象（2021 年 8 月 18 日）

戈蒙方喙象 *Mongolocleonus gobiensis* (Voss)

分类地位：鞘翅目 Coleoptera，象虫科 Curculionidae。

分布范围：内蒙古；蒙古。

形态特征：体型较大，体表密布白色、淡黄色、褐色至黑褐色的鳞片，深色鳞片在前胸背板形成梯形斑纹，在鞘翅中部之前形成“U”形斑纹。喙背面较平，不具中沟或隆脊。触角柄节短粗，远短于索节之和，索节 7 节，索节 1 明显长于索节 2，索节 2 长于索节 3，索节 3~6 宽远大于长，索节 7 和触角棒紧密连在一起，不易分辨。眼大，较扁平。前胸背板基部最宽，具 1 条浅中沟，中沟两侧各具 7 个大而圆的黑色瘤突，散布在中沟两侧排成 3 列。小盾片舌状，被覆白色鳞片。两鞘翅基部在行间 3 各具 1 个黑色圆形瘤突，行纹刻点较大、明显，行间扁平，宽于行纹。

生物学特性：未见报道。

内蒙古锡林浩特　戈蒙方喙象（2022 年 8 月 9 日）

内蒙古锡林浩特　戈蒙方喙象（2023 年 5 月 9 日）

内蒙古锡林浩特　戈蒙方喙象（2022 年 8 月 9 日）

内蒙古锡林浩特　戈蒙方喙象（2021 年 8 月 18 日）

二脊象 *Pleurocleonus sollicitus* (Gyllenhal)

分类地位：鞘翅目 Coleoptera，象虫科 Curculionidae。

分布范围：北京、河北、黑龙江、吉林、辽宁、甘肃、内蒙古、青海、新疆、陕西、山西、云南；俄罗斯，蒙古，韩国，哈萨克斯坦，乌兹别克斯坦，欧洲。

形态特征：体长 9.4 mm，宽 4.8 mm。身体短粗，卵形。体壁漆黑，背面被覆灰白色针状鳞片，腹部有小部分被覆分裂的鳞片。前胸两侧各有 1 条光滑黑纹，中间鳞片较稀且往往脱落，但中沟鳞片常常存在，头喙中沟的鳞片也常常存在。鞘翅散布多变的光滑斑点，但下列几个斑点经常存在：行间 6 中间前和翅瘤后各有 1 个，行间 4 中间前 1 个，肩部 1 个。喙背面中间有隆线 2 条，沟槽 3 个；触角几乎不呈膝状，索节 1 长于索节 2。前胸圆锥形，中间向后突出，后缘二凹形；表面散布深而大的刻点，刻点间散布小刻点。小盾片小，三角形。鞘翅长不到宽的 1.5 倍，中间后最宽，基部向前突出；行间明显，刻点大而深，行间 1、3、5 较隆，翅瘤明显。足和腹部密布雀斑，跗节腹面无海绵体。雄虫腹部前两节中间洼，雌虫腹部前两节中间隆。

生物学特性：主要为害甜菜。

内蒙古锡林浩特　二脊象（2023 年 5 月 16 日）

内蒙古锡林浩特　二脊象（2021 年 4 月 23 日）

内蒙古锡林浩特　二脊象（2021 年 4 月 23 日）

内蒙古锡林浩特　二脊象（2021 年 4 月 22 日）

中文名索引

拉丁学名索引